grenat

Congrès International d'Horticulture

PROCÈS-VERBAUX

PAR

Ernest BERGMAN

SECRÉTAIRE GÉNÉRAL DU CONGRÈS

SECRÉTAIRE GÉNÉRAL ADJOINT DE LA SOCIÉTÉ NATIONALE D'HORTICULTURE DE FRANCE

PARIS

SOCIÉTÉ NATIONALE D'HORTICULTURE DE FRANCE

84, RUE DE GRENELLE, 84

1900

EXPOSITION UNIVERSELLE INTERNATIONALE DE 1900

Congrès International d'Horticulture

PROCÈS-VERBAUX

PAR

Ernest BERGMAN

SECRÉTAIRE GÉNÉRAL DU CONGRÈS

SECRÉTAIRE GÉNÉRAL ADJOINT DE LA SOCIÉTÉ NATIONALE D'HORTICULTURE DE FRANCE

PARIS

SOCIÉTÉ NATIONALE D'HORTICULTURE DE FRANCE

84, RUE DE GRENELLE, 84

1900

CONGRÈS INTERNATIONAL D'HORTICULTURE

SÉANCE DU VENDREDI 25 MAI 1900

Présidence de **M. Jean Dupuy**, Ministre de l'Agriculture,

puis de

M. A. Viger, Député, ancien Ministre,

Président du Congrès,

Président de la Société nationale d'Horticulture de France, et du groupe VIII.

La séance est ouverte à 3 heures.

Prennent place au bureau : M. le Ministre de l'Agriculture et son chef de cabinet, M. Deloncle, ainsi que Messieurs les membres du Bureau de la Commission d'organisation : MM. Viger, président; Mussat et Truffaut, vice-présidents; Bergman, secrétaire général; Lucien Chauré, secrétaire; Paul Lebœuf, trésorier, plus MM. Nanot et Martinet, délégués du Ministre de l'Agriculture; Chasseloup-Laubat, du Comité supérieur des Congrès; Chatenay, secrétaire général du groupe VIII.

Le bureau du Congrès, en vertu des dispositions du règlement, se trouve composé du Bureau de la Commission d'organisation auquel sont adjoints, par acclamations, Messieurs les membres étrangers dont les noms suivent :

Vice-présidents : MM. de Herz (Autriche), Wittmack (Allemagne), Rodigas (Belgique), de Middeleer (Belgique), Micheli (Suisse).

Secrétaires : MM. Umlauft (Autriche), Abel (Autriche), Taylor (États-Unis), Cieskiewicz (Russie).

Ces Messieurs viennent prendre place au Bureau.

DISCOURS

DE M. JEAN DUPUY

MINISTRE DE L'AGRICULTURE

MESSIEURS,

C'est à la fois un devoir de ma charge et un grand honneur pour moi de présider à cette solennité internationale.

La France, Messieurs, a convié à ces grandes assises, à l'Exposition universelle de 1900, qui clôture ce siècle et qui sera comme la revue rétrospective des efforts qui ont été faits, tous les hommes qui, chacun dans sa sphère spéciale d'activité, ont participé aux progrès de la Science et à l'expansion des Arts.

De nombreux congrès vont être tenus à Paris, et je crois qu'il n'est pas de domaine de l'esprit humain qui ne doive être scruté, étudié, soumis à un minutieux inventaire.

Notre pays, Messieurs, a voulu, en cette circonstance, rester fidèle à sa tradition de grande nation civilisatrice ; la France va essayer, avec le concours du monde entier, d'établir, à l'heure actuelle, le bilan général, je pourrais dire de la pensée contemporaine.

C'est à vous, Messieurs, qu'il appartient, au début de ce genre de travail, de prendre part à ce débat général, et par là, de contribuer aux résultats qui seront, j'en suis sûr, féconds et utiles pour tous ceux qui y prendront part et, j'en suis convaincu, pour toutes les nations du monde. (*Très bien ! très bien !*)

Je veux saluer, Messieurs, les horticulteurs étrangers qui ont été fidèles à ce rendez-vous ; je les remercie d'être venus, et je suis sûr qu'en venant ils savaient que la France hospitalière les recevrait amicalement. (*Vives marques d'assentiment.*) Ils devaient savoir aussi que les horticulteurs français, leurs confrères de France, leur réserveraient cet accueil courtois, aimable et délicat qui est, pour ainsi dire, l'attribut de votre profession. (*Adhésion.*)

Je veux également, Messieurs, payer ici un juste et particulier hommage de gratitude à la Société nationale d'Horticulture de France. C'est elle qui a organisé les belles expositions que nous avons déjà vues ; c'est elle qui a organisé ce Congrès et c'est à elle que reviendra, par conséquent, tout l'honneur du succès. Elle remportera une nouvelle victoire, c'est un nouveau succès qu'elle ajoutera à ceux dont elle ne compte plus le nombre. Au reste, les résultats qu'elle a obtenus n'étonnent personne parce qu'ils sont dus à la fois à l'autorité, à la science et à l'expérience des hommes qui la composent.

Cette Société, Messieurs, jouit non seulement d'une grande notoriété en France, mais sa renommée a passé nos frontières ; elle le doit, également, à sa valeur propre, tout d'abord, mais aussi, on ne saurait l'oublier, aux hommes considérables qu'elle a eu l'intelligence de mettre à sa tête, au cours d'une longue existence qui compte déjà, si je ne m'abuse, près de trois quarts de siècle ; elle le doit à ces hommes dont il me suffit de rappeler les principaux, les Héricart de Thury, les maréchal Vaillant, les Payen, les Léon Say — et vous n'avez pas manqué à cette tradition puisque, sans blesser votre modestie, vous avez choisi le plus autorisé d'entre vous lorsque vous avez placé à la présidence de votre Société l'honorable M. Viger (*Applaudissements.*), qui continue très dignement la lignée de ces grands noms.

Messieurs, vous êtes venus ici tous pour prendre part à un travail essentiellement pacifique ; à travers les frontières qui se sont abaissées, vous apportez, non seulement votre tribut de valeur personnelle, mais encore comme une parcelle du génie national.

Vous vous réjouirez avec moi, Messieurs, de cette entente fraternelle, de cette cordialité qu'il faut saluer lorsqu'elle se manifeste, comme chez vous, entre les représentants de différents peuples ; pour ma part, je veux m'incliner devant cette fraternelle collaboration et la saluer à mon tour, comme ministre du Gouvernement de la République française. Je la salue, Messieurs, avec confiance et avec un réel frisson de joie ! (*Vifs applaudissements.*)

Messieurs, je déclare ouvert le Congrès international d'horticulture pour 1900, et je donne la parole à M. Viger, président du Congrès

---

DISCOURS

DE M. A. VIGER

PRÉSIDENT DU CONGRÈS

MESSIEURS,

Vous ne vous étonnerez pas que ma première parole soit une parole de gratitude et de profonde reconnaissance envers M. le Ministre de l'Agriculture, non seulement parce qu'il remplit admirablement les devoirs des hautes fonctions qui lui sont confiées, avec un dévouement passionné aux intérêts de l'agriculture française, mais encore parce qu'il a bien voulu témoigner, de la façon la plus cordiale et la plus gracieuse, l'intérêt qu'il porte aux travaux de l'horticulture française. Aussi, nous le saluons ici, non seulement comme le représentant du Gouvernement de la République, non seulement comme un ministre actif et zélé, mais encore, qu'il me permette de le lui dire, comme un ami sincère de l'horticulture. (*Applaudissements.*)

Il existe en effet, Messieurs, une telle connexité entre l'agriculture et l'horticulture, que les ministres français de l'agriculture se sont toujours fait un devoir de s'occuper de la branche si importante de la production nationale que vous représentez ici.

L'agriculture est si digne d'occuper les loisirs d'un homme qui a une profession et d'absorber tous les instants de celui qui s'y adonne professionnellement !

Je me suis toujours rappelé, à cet égard, une phrase de Cicéron qui m'avait vivement frappé lorsque, sur les bancs du collège, je traduisais les auteurs anciens, et je vous demande la permission de vous la citer ici. Le grand orateur latin, dans son traité des devoirs, le *De officiis*, disait :

« Rien ne peut être entrepris de meilleur, de plus digne d'un homme libre, de plus fait pour occuper toute sa vie, que la culture de la terre. »

N'est-ce pas là, Messieurs, le plus bel éloge que l'on puisse faire de ceux qui s'adonnent à la culture de notre sol national pour lui faire produire tous ces éléments de richesse qui sont une des gloires de notre nation ? (*Marques d'assentiment.*)

Mais, à côté de cet amour de la culture de la terre, les horticulteurs ont un autre désir ; c'est celui de vulgariser toutes les connaissances qu'ils recueillent, et ce n'est pas d'hier, puisque La Quintinie, dans un de ses admirables traités, disait :

« L'horticulture est un art véritablement noble et bien capable de donner de la noblesse à ceux qui en font profession.

« Aussi est-il vrai que, d'ordinaire, ils sont ravis que tout le monde voie leur ouvrage et, quand il leur arrive de rencontrer heureusement, leur plus grande joie est de déclarer, à ceux qui le veulent savoir, les moyens dont ils se sont servis.

« Au lieu que communément l'esprit des autres artisans est de faire mystère de tout et de garder pour eux seuls ces lumières qu'ils ont acquises dans leur art. »

C'est pour cela que, chez nous, les congrès d'horticulture sont populaires, que nos expositions réunissent tant d'exposants, et que chacun tient à apporter, non seulement les produits de sa culture, mais encore, sous forme de communications, tant aux séances annuelles de la Société d'horticulture que dans nos séances de quinzaine et dans nos congrès, les résultats de son expérience. Il semble véritablement que les horticulteurs remplissent dans toute son étendue ce qu'un grand homme, qui était en même temps un grand républicain, et dont je prononce ici le nom avec un double plaisir, recommandait à tous les savants : je veux parler d'Arago, et je dis que je prononce son nom avec un double plaisir, parce que son nom est dignement porté dans la famille de M. le Ministre de l'Agriculture. (*Approbation.*)

Pour Arago, la vie du savant pouvait se résumer en trois mots : *découvrir,* — *connaître,* — *communiquer.* Eh bien ! nos horticulteurs passent leur vie à tâcher de découvrir, à se rendre compte de la réalité des faits qu'ils ont constatés et, lorsque ces faits ont été bien établis, ils n'ont de cesse qu'ils les aient communiqués à tous leurs collègues, afin qu'ils en fassent leur profit ! (*Assentiment.*)

L'horticulture a d'ailleurs été la véritable sœur aînée de l'agriculture, car, à l'aube de la civilisation, alors que la période de stabilité avait succédé à la période de chasse et à la période pastorale (vous savez, en effet, que la chasse et l'élevage des troupeaux ont été les premiers moyens d'existence de nos ancêtres), lorsque l'homme a construit une habitation et qu'il a cultivé le sol environnant, il y a créé un jardin. Comme il avait l'habitude d'aller chercher, soit dans les forêts, soit dans les steppes voisins de cette habitation, les plantes utiles à son existence, à son hygiène, il avait pensé qu'il serait plus commode de les réunir autour de sa demeure, d'aller chercher des graines, d'opérer des transplantations. Et c'est ainsi que la culture, appliquée dans le jardin de l'homme, étendue à l'entour de ce jardin, est devenue l'agriculture.

Lorsque l'homme commençait à cultiver ce jardin, il se servait tout simplement d'un morceau de bois pris aux forêts voisines ; ce morceau de bois s'est transformé, dans la suite, en une bêche, qui est devenue elle-même une mauvaise charrue de bois ; enfin, de progrès en progrès, l'horticulture a fini par donner à l'agriculteur des idées qui ont engendré la transformation de ce matériel primitif de culture et qui ont abouti à ces immenses charrues-brabants qui défoncent la terre, jusque dans ses profondeurs, pour y chercher de nouveaux éléments de fécondité, de fertilisation, et dont vous pouvez admirer des spécimens dans notre belle exposition d'instruments agricoles. (*Applaudissements.*)

De plus, lorsque cet homme primitif s'est trouvé en présence des semences, il a remarqué que ces semences n'agissaient pas toujours de la même manière ; que les unes levaient mal, d'une façon capricieuse, que d'autres ne donnaient pas des plantes semblables à celles qui les avaient produites.

C'est alors qu'il a pensé à chercher, en particulier dans les épis de blé, le grain le plus gros, à semer ce grain qui produisait un épi plus fort que celui qui lui avait donné naissance : à chercher, dans ce second épi, les grains les meilleurs, et à arriver, de la sorte, à opérer ce que l'on appelle la *sélection des semences.*

C'est par l'horticulteur qu'ont été préconisées, pour la première fois, ces belles méthodes de sélection des semences qui ont abouti aux admirables découvertes des Hallet et des Shireff, qui nous ont donné ces blés de sélection qui ont augmenté, dans des proportions considérables, la production de la terre. Ce sont les premiers horticulteurs, c'est-à-dire les premiers cultivateurs, qui ont abouti à créer cet enseignement, donné actuellement à l'Institut agronomique par notre ami M. Schribaux, et qui constitue le meilleur des enseignements pour la sélection des semences et les améliorations de la grande culture.

C'est également chez nos jardiniers que les Aimé Girard et les Volny ont puisé les premiers principes de la sélection des tubercules, et que la Pomme de terre, que certains légumes se sont améliorés de façon à sortir des jardins pour devenir des légumes de grande culture.

N'est-ce pas également chez les simples petits jardiniers que l'on a pratiqué, pour la première fois, le semis en ligne? Et, lorsque vous arrivez à nos grandes expositions d'instruments agricoles et que vous voyez tous ces semoirs ingénieux qui permettent de semer les grains en ligne, économisant de la sorte des quantités considérables de semences, tout en produisant plus facilement et davantage, vous devez reporter votre pensée à la modeste petite bouteille dont le bouchon percé d'un trou traversé par un tube sème la semence en ligne sur la planche du jardinier.

C'est ainsi que de l'horticulture est né l'un des plus grands progrès de la science agronomique contemporaine.

L'horticulteur primitif avait également remarqué que ce sol, dans lequel il semait, finissait par s'épuiser; c'est alors qu'il a été amené à chercher des éléments de fertilisation, des amendements; il est allé ramasser, dans les bois voisins, les feuilles tombées, afin de produire du terreau et d'augmenter les qualités productives de sa terre.

C'est grâce à nos horticulteurs que nous sommes arrivés à découvrir qu'en renouvelant les éléments de fertilisation du sol, on peut lui faire produire la même plante, du Blé, par exemple, d'une façon continuelle.

C'est ainsi que Lawes et Gilbert, dans leurs leçons, nous ont appris que la *rotation culturale* n'existait pas et que l'on pouvait cultiver indéfiniment du Blé dans le même sol, à condition toutefois de lui redonner les matériaux qui lui ont été pris par le Blé qui a crû l'année précédente; mais ces éminents professeurs n'ont rien fait de plus que ces admirables maraîchers de Paris qui, depuis Charles V, ont été des cultivateurs émérites et les protagonistes de la belle culture intensive qui a développé, d'une façon si considérable, la productivité de notre sol et du sol en général. (*Vives marques d'assentiment.*)

Et, comme à côté de l'utile, l'homme est porté, par des qualités artistiques et natives, lorsqu'il a obtenu ce qui est à peu près suffisant pour son existence, à chercher ce qui peut faire l'agrément de sa vie, les premiers cultivateurs, les premiers horticulteurs ont cherché si les fleurs qu'ils admiraient dans les buissons du voisinage ne pourraient pas être cultivées dans leurs jardins. C'est alors que l'on commença à cultiver les fleurs pour réjouir la vue et donner un peu de gaîté aux jardins, jusqu'alors consacrés exclusivement à l'utile.

On a constaté ensuite que ces fleurs pouvaient s'améliorer, et l'on est arrivé ainsi à la culture améliorante des fleurs ; on a découvert ce procédé de multiplication si ingénieux qui consiste à mettre l'une à côté de l'autre des espèces différentes, afin que, le pollen de l'une fécondant l'autre, il se produise des variétés.

Cette hybridation était entrée comme une véritable pratique artistique dans les habitudes de l'horticulture et ce sont encore les horticulteurs qui ont été les premiers hybridateurs.

Ils enlevaient tous les organes mâles d'une fleur qu'ils fécondaient ensuite avec la poussière d'une autre fleur, obtenant ainsi ces admirables variétés que nous voyons dans nos expositions et qui arrachent des cris d'admiration à tous ceux qui viennent les visiter.

Mais cette pratique n'a été utilisée, pendant longtemps, que pour le plaisir des yeux et c'est là que l'horticulteur a été véritablement un initiateur dans la voie du progrès, car cette hybridation, qui était simplement une pratique d'horticulture, pour l'amélioration des fleurs, est devenue une pratique d'agriculture pour l'amélioration des Vignes et des semences. C'est l'hybridation de nos horticulteurs qui a permis de produire les hybrides, si utiles pour la reconstitution de nos vignobles ; c'est l'hybridation pratiquée par les horticulteurs qui a permis de créer toutes ces nouvelles espèces de semences de Betterave, de Blé, qui ont permis au cultivateur d'augmenter ses rendements et de lutter contre la concurrence du monde entier sur le marché du globe. (*Applaudissements.*)

Autrefois, on était porté à adorer comme une véritable divinité celui qui trouvait une nouvelle plante, un nouveau légume ; mais, comme l'a dit de Candolle dans un de ses ouvrages, ce n'est pas la divinité qu'il faut adorer ; le seul Dieu qui a produit toutes ces améliorations, c'est le travail, c'est l'esprit progressif des hommes qui s'adonnent à la culture de la terre ; ce sont ceux-là que nous saluons, les horticulteurs, ces hommes d'initiative qui ont été les premiers protagonistes, les premiers initiateurs du progrès en agriculture (*Nouveaux applaudissements.*)

Il en a été de même pour l'amélioration des fruits ; lorsque l'homme primitif allait manger des baies dans la forêt, il a voulu cultiver ces baies dans le voisinage de son habitation. Il s'est aperçu ensuite que certaines espèces avaient une végétation plus puissante que les autres, et il s'est demandé s'il ne pourrait pas mettre les petits rameaux de ces espèces moins vivaces, mais dont les fruits étaient meilleurs, sur les espèces dont la végétation était plus vigoureuse, de façon que le petit morceau de plante, étant transplanté et vivant aux dépens du porte-greffe, celui-ci produisît des fruits plus savoureux : c'était là, Messieurs, la découverte de la pratique du greffage qui a si fort amélioré la production des fruits et qui nous permet aujourd'hui d'admirer tous ces beaux fruits que l'on expose dans nos concours nationaux ou internationaux et qui sont la gloire de la production française. (*Très bien ! très bien !*)

C'est cette pratique du greffage qui a été améliorée et qui a permis à l'un de nos amis, Charles Baltet, de faire cet admirable petit traité de l'*Art de greffer* qui a été traduit dans toutes les langues du monde et qui porte le renom de l'horticulture française sur les confins de notre terre!

Je sais très bien, Messieurs, que, dans ce que l'on est convenu d'appeler le monde « intellectuel », on est porté à trouver que ces travaux des horticulteurs, des agriculteurs, des laboureurs, sont très peu de chose, — mais, c'est une faiblesse de la nature humaine, elle aime les choses générales et, lorsque nos savants font des découvertes sur la vapeur, l'électricité ou la lumière, on ne voit dans leur application par les utiles serviteurs de leur pays dont je viens de parler, que le grand travail de la nature.

Mais il faut bien se garder d'oublier que le travail de nos horticulteurs et de nos agriculteurs est en grande partie composé de puissance d'observation et d'un labeur intelligent sans cesse renouvelé. Rien ne les décourage, ni les phénomènes atmosphériques, ni les ravages des insectes, ni les destructions dues aux cryptogames, et c'est grâce à leur patience, à leur ténacité que nous avons pu introduire dans l'agriculture toutes ces méthodes qui ont permis de lutter contre les fléaux qui ont failli détruire notre vignoble français et qui, perpétuellement, viennent s'attaquer à l'une ou à l'autre de nos productions. C'est dans le jardin de l'horticulteur que, pour la première fois, on s'est servi des antiseptiques qui ont été employés contre les cryptogames et de tous les moyens préconisés, depuis, en grande culture, pour la destruction des insectes.

Comme le disait Buffon, l'agriculteur est un homme qui se rend un peu plus compte que les autres hommes de ce que peut la nature et de ce qu'il peut sur elle ; et il ajoutait : « Le génie, c'est la persévérance ».

C'est cette persévérance, Messieurs, que j'admire chez les horticulteurs, et c'est au nom de cette persévérance, dans le présent et dans le passé, que nous sommes réunis, afin d'échanger nos idées.

Il y a des esprits un peu chagrins, de ceux qui ont à exercer leurs critiques sur tout et qui disent: A quoi servent les Congrès? Ce sont de petites parlottes d'admiration mutuelle !

Eh bien, Messieurs, depuis que je suis les Congrès d'horticulture, — je ne parle pas des autres, — j'ai recueilli, pour ma part, beaucoup d'idées nouvelles et, si je n'ai pas instruit les autres, je me suis instruit moi-même. Aussi, je suis très reconnaissant aux Congrès et aux congressistes.

Les idées sont quelquefois destinées à disparaître; il est certain que ce que l'on traite aujourd'hui d'utopie sera peut-être la vérité de demain, et l'idée que nous avons actuellement peut être détruite pour faire place à d'autres idées ; mais la science me fait un peu l'effet d'un grand arbre qui étendrait ses frondaisons sur un espace considérable. Vous dites: Mais toutes ses feuilles finissent par épuiser sa végétation ! Vous ne pensez pas à une chose : c'est qu'au bout d'un certain temps, après s'être agitées, après avoir fait du bruit, les feuilles tombent et moisissent ; mais alors, en raison du « circulus universel », elles se transforment en nouveaux matériaux de fertilisation, pour l'arbre, dont les radicelles vont puiser, dans l'humus produit par les feuilles, de quoi se revivifier et produire de nouvelles frondaisons ! (*Marques d'approbation.*)

Il en est de même de la science ; les idées de la science, ce sont les feuilles ; ces idées meurent, mais elles ne meurent pas complètement ; elles tombent et produisent de nouveaux éléments de fécondation, de fertilisation, qui permettent à l'arbre de science de produire, à nouveau, des idées nouvelles qui sont comme les feuilles du chêne infini de l'intelligence humaine s'élevant vers le progrès et vers le bien-être de l'humanité ! (*Vifs applaudissements.*)

Aussi, Messieurs, je crois que les horticulteurs représentent véritablement, dans cette culture de l'arbre de la science, de beaux jardiniers de l'idée ; ils sont comme ces anciens maîtres jardiniers de la corporation de Paris dont un de mes auditeurs, M. Curé, ici présent, rappelait, dans un livre que j'ai lu avec beaucoup de plaisir, la vieille devise ; cette devise de la corporation des jardiniers, avant 1791, Monsieur le Ministre, était ainsi conçue :

Manus fortis
Divitias parat.
(Leur forte main prépare la richesse.)

Dans sa modeste sphère, Messieurs, la forte main de nos horticulteurs prépare, non seulement des richesses matérielles, mais des richesses d'idées qui contribueront à la force et à la grandeur de la patrie. (*Applaudissements prolongés.*)

———————

Après avoir écouté avec le plus vif intérêt le discours de M. le Président, M. le Ministre de l'Agriculture se retire, non sans avoir été remercié à nouveau par M. Viger pour la bienveillance toute particulière qu'il a bien voulu témoigner à l'horticulture et à ceux qui s'efforcent de propager les éléments de la science horticole.

M. LE PRÉSIDENT rappelle à MM. les congressistes qu'une fête aura lieu demain samedi, à neuf heures, pour l'inauguration de la grande salle des fêtes de la Société d'horticulture, et prie MM. les membres de la presse de bien vouloir y assister, ainsi qu'aux excursions qui seront faites à Versailles et à Verrières.

Cette dernière excursion, dit-il, sera consacrée aux cultures de la maison Vilmorin, et nous la considérerons, non seulement comme une étude instructive, mais aussi comme une sorte de pieux pèlerinage dans le pays qui a été illustré par les grands travaux de l'éminent et regretté vice-président, Henri de Vilmorin, dont le nom est connu dans le monde entier. (*Vifs applaudissements.*)

M. LE PRÉSIDENT donne la parole à M. Guion sur la première question à l'ordre du jour.

PREMIÈRE QUESTION

DES PROGRÈS RÉALISÉS ET A RÉALISER DANS LE CHAUFFAGE DES SERRES

M. Guion donne lecture de son rapport.

Depuis vingt-cinq ans, dit-il, les progrès réalisés ont été de faible importance.

Les efforts des inventeurs ont porté surtout sur les détails de construction. L'emploi des chaudières à chargement continu tend à se généraliser et c'est là le principal progrès accompli, mais il exige l'emploi d'un combustible de choix.

Certaines chaudières de ce genre sont réputées économiques; quelques-unes s'établissent sans maçonnerie et présentent sur celles enveloppées de briques l'avantage d'être plus facilement installées ou réparées.

Dans les grandes serres, on emploie la vapeur à basse moyenne ou haute pression, mais on ne semble pas avoir trouvé encore un système économique; on ne prend pas surtout toutes les précautions voulues pour éviter les pertes par condensation en cours de route.

En Amérique, les installations centrales de chauffage sont très nombreuses non seulement pour les serres, mais aussi pour des groupes de maisons, voire même pour des villes entières.

Le *Feilden's Magazine* indique que pour obtenir de bons résultats d'une manière économique, il faut employer la vapeur à 3 ou 4 kilogrammes par centimètre carré. Les tuyaux employés peuvent avoir jusqu'à 200 millimètres de diamètre.

Les tuyaux de distribution doivent être enveloppés avec beaucoup de soin, afin de prévenir le refroidissement.

M. Holly, ingénieur, entoure le tuyau d'amiante, puis d'une couche de feutre, de papier buvard et de papier de chanvre, le tout étant recouvert de baguettes de bois placées parallèlement à l'axe et fixées par des fils de cuivre enroulés en hélice.

Le tuyau ainsi enveloppé est introduit dans un tronc d'arbre, en ayant soin de laisser une couche d'air entre le tronc et le tuyau, le bois restant ayant une épaisseur de 75 à 125 millimètres.

Les pertes de chaleur par rayonnement sont ainsi réduites à très peu de chose.

Un ouvrage de Thomas Tredgold publié en 1825 nous fait connaître qu'à cette époque le chauffage à vapeur était déjà employé fréquemment en Angleterre, même pour le chauffage des serres et que ce mode de chauffage était considéré comme très avantageux.

C'est le colonel Willcock qui a, le premier, en 1745, donnée l'idée d'employer la vapeur comme moyen de distribuer la chaleur.

On reconnaissait à l'appareil à vapeur l'avantage de pouvoir s'étendre en tous sens, à une grande distance de la chaudière. Un seul feu suffisait pour un immense établissement : la distance de la chaudière à la serre la plus éloignée était de plus de 260 mètres dans l'établissement de MM. Loddiges, à Hackney.

L'orateur cite plusieurs autres exemples de chauffage à vapeur en Angleterre et conclut en disant qu'un des plus grands perfectionnements à apporter au chauffage des serres consisterait à obtenir un système de régulateur, pour l'eau ou la vapeur, offrant aux jardiniers toute la sécurité désirable, pour l'entretien du feu de leur chaudière, évitant les violentes ébullitions et tous les inconvénients qui en résultent : projection d'eau par les tuyaux d'air, coup de feu aux appareils, etc.

Ce régulateur, dit-il en terminant, devra être simple et pratique et n'être pas d'un prix élevé. (*Applaudissements.*)

M. LE PRÉSIDENT. — Je remercie M. Guion de son intéressante communication.

Quelqu'un demande-t-il la parole à ce sujet?

M. BALTET. — Je demande, Messieurs, à faire remarquer au Congrès que Bonnemain, en France, a appliqué le chauffage à la vapeur à l'incubation des œufs ainsi qu'au chauffage des serres et des appartements vers la même année que les Anglais; ces derniers ont développé l'application du procédé pour les serres et il nous est revenu ensuite.

J'ai trouvé ce renseignement dans une étude sur les progrès de l'horticulture française et je crois que si, réellement, c'est à un de nos compatriotes qu'est due cette invention, il ne faudrait pas lui en retirer l'honneur. (*Vive adhésion.*)

M. LE PRÉSIDENT, remercie M. Baltet de son observation et fait l'éloge de l'esprit français, cet esprit d'initiative qui découvre les nouveautés qui nous reviennent quelquefois de l'étranger comme de nouvelles découvertes.

M. GUION. — L'invention de Bonnemain se rapportait aux couveuses artificielles qu'il chauffait par circulation d'eau chaude et non par la vapeur.

Je ne dis pas que l'invention ne soit pas contemporaine en France et en Angleterre, je crois que le chauffage des couveuses par l'eau chaude date de

1776, mais je ne puis me porter garant de renseignements que j'ai tirés d'un ouvrage anglais, peut-être un peu partial.

M. Cornu, *professeur au Muséum.* — Je suis étonné que l'intéressant rapport qui vient de nous être lu ne fasse pas mention d'une modification qui me paraît avoir une grande importance ; je veux parler des tuyaux à ailettes, dont nous avons, au Jardin des Plantes, une application intéressante.

Ils sont employés pour le chauffage à eau chaude, mais il y aurait tout avantage, je crois, à les appliquer au chauffage à vapeur.

Ces tuyaux à ailettes ont été posés par MM. Geneste et Herscher, sans me consulter ; ces messieurs prétendaient qu'une longueur donnée suffirait pour remplacer trois fois cette même longueur de tuyaux ordinaires.

Après avoir revu les calculs qui avaient été faits par ces messieurs, je suis arrivé à cette conclusion qu'il fallait que l'eau chaude passât avec une grande rapidité dans les tuyaux et que la vitesse que l'eau aurait dû avoir dans l'appareil ne correspondait pas du tout à celle que l'on pouvait lui donner.

Des expériences comparatives faites à mon laboratoire, ont démontré ensuite que les résultats n'étaient pas conformes à la théorie et qu'il s'en fallait d'une demi-longueur de tuyau.

Quoi qu'il en soit, le procédé est appliqué dans une serre de 80 mètres de longueur, très exposée au vent, et nous permet d'obtenir 12 degrés, avec une dépense énorme, il est vrai.

Mais je crois que ces tuyaux à ailettes donneraient des résultats infiniment meilleurs avec la vapeur qu'avec l'eau chaude.

Les ailettes, dont la surface est souvent considérable, peuvent arriver, en effet, à la température de 40 degrés et elles ont le grand avantage de servir d'écran aux plantes contre le rayonnement du tuyau central.

Ce rayonnement est trop énergique le plus souvent avec un chauffage à vapeur d'eau, mais je crois que l'on pourrait, au moyen d'ailettes un peu grandes, minces et rapprochées, obtenir de très bons résultats.

M. A. Truffaut, *vice-président.* — Il est certain que, si l'on pouvait organiser un chauffage à la vapeur susceptible de donner les mêmes résultats que l'eau chaude, presque toutes les difficultés du chauffage des serres se trouveraient ainsi résolues.

L'observation de M. Cornu a une grande valeur, mais il ne faut pas oublier que ce que nous voulons obtenir, nous, horticulteurs, c'est une température douce et uniforme qui ne nous oblige pas à jeter des quantités d'eau dans les serres pour permettre à nos plantes de vivre.

Dans ma jeunesse, on employait aux environs de Paris un mode de chauffage à vapeur très rudimentaire ; la vapeur produite dans une bouillotte placée sur un poêle circulait dans des tuyaux et s'échappait au dehors.

Nous avons tous dû renoncer à ce procédé parce que lorsque nous étions en pleine production de vapeur, nous obtenions une température très élevée qui tombait complètement aussitôt le feu éteint.

En somme, la grosse difficulté, sous le climat de Paris, c'est que, lorsque la vapeur circule, on a des tuyaux à 80 degrés, et, lorsqu'elle ne circule pas, on n'a plus de chaleur du tout.

Le procédé a pu être employé en Allemagne, à Dresde, pour combattre des températures de — 20 à — 27 degrés Réaumur, mais il n'a pas donné de résultats satisfaisants jusqu'ici dans les serres des environs de Paris.

Je crois donc que, jusqu'à ce que l'on ait trouvé un régulateur satisfaisant, l'emploi de la vapeur n'est pas absolument à conseiller pour la culture des plantes de serre.

M. Guion. — M. Martre a obtenu de très bons résultats dans le chauffage d'une serre de 100 mètres, en 1867.

Il faut, pour se servir utilement de la vapeur, que l'on puisse à chaque instant régler son admission, comme dans les appartements.

M. Truffaut. — Il y a une différence capitale entre le chauffage des serres et celui des appartements; avec les chaudières américaines, on émet très peu de vapeur, en sorte que les ailettes ne sont chauffées que sur une petite longueur; cela n'a pas d'inconvénient pour des espaces aussi limités que nos appartements, mais il n'en est pas de même pour nos grandes serres qui ont besoin d'être chauffées aussi bien à 20 mètres que près de la porte.

M. le Président. — En résumé, la difficulté provient de ce que, tandis que l'on peut amener l'eau à toutes les températures, de 0 à 100 degrés, la vapeur d'eau est toujours à 100 degrés. On n'est donc jamais sûr, en employant la vapeur, de ne pas dépasser la température favorable aux plantes et de ne pas les brûler.

La question est délicate et mérite d'être étudiée sérieusement, mais je crois que, pour le moment, il est préférable de s'en tenir au *thermosiphon à ailettes* qui permet d'augmenter beaucoup la surface de chauffe. (*Marques d'assentiment.*)

DEUXIÈME QUESTION

DE LA CRÉATION DES JARDINS PUBLICS SOUS LES DIVERSES LATITUDES DU GLOBE

M. Martinet. — Messieurs, la question, telle qu'elle est formulée au programme, manque un peu de précision, et il faudrait plusieurs volumes pour la développer complètement.

Je me bornerai donc à la résumer, en exposant ce qu'elle a de plus général.

Les jardins publics, quelle que soit la latitude à laquelle on veut les créer, doivent répondre à deux conditions : être utiles et agréables.

Ils sont *utiles*, car ce sont, ainsi qu'on l'a très bien dit, les *poumons* des villes, et ils ont une grande importance pour l'hygiène urbaine. Ils servent en outre de lieu de repos et de récréation. Ils sont *agréables;* ils nous charment par la variété des espèces que l'on y cultive.

La disposition des jardins publics, sans être soumise à des règles absolues, doit se conformer à certaines idées générales : 1° pour le *tracé*, qui dépend du relief du sol ; 2° pour la plantation, qui dépend du climat et des ressources des municipalités.

Il faut enfin tenir compte des habitudes de ceux qui sont appelés à les fréquenter.

Tracé. — Au point de vue, il faut distinguer des jardins publics assez étendus pour être sillonnés par des routes carossables ceux qui, de moindres dimensions, portent le nom de *squares.*

Il faut profiter des mouvements du terrain, obtenir, le plus souvent possible, des *effets d'eau* qui permettent de donner de la gaîté et d'amener la fraîcheur dans les jardins.

Il faut enfin obtenir la plus grande variété possible dans l'emploi et la disposition des plantes, au point de vue artistique.

Étiquettes. — Je tiens à insister ici sur l'utilité qu'il y a à faire connaître les végétaux par des étiquettes bien rédigées et à signaler les efforts qui ont été faits à cet égard dans divers jardins publics.

Sans parler du Muséum d'histoire naturelle, qui nous offre un champ d'études extrêmement importantes et variées, je citerai les parcs anglais, très favorisés sous ce rapport, les parcs allemands et le parc de Saint-Pétersbourg, où les collections sont classées avec le plus grand soin.

Arrosage. — Au point de vue de l'arrosage, il faut distinguer les jardins de nos régions tempérées de ceux des pays chauds.

L'eau est apportée sous le sol, dans les premiers, par des canalisations qui permettent de la distribuer à l'aide de tuyaux ; dans les seconds, ainsi que je l'ai vu pratiquer en Egypte, par exemple, des rigoles traversent les pelouses et apportent l'eau aux plantes.

Éclairage. — On tend de plus en plus à substituer l'éclairage électrique à l'éclairage au gaz, dont les canalisations ont l'inconvénient d'être plus difficiles à établir. De plus, lorsqu'une fuite se produit, cela peut avoir des inconvénients pour les plantations voisines.

Telles sont les grandes lignes d'une question qui mériterait d'être développée davantage.

En résumé, je crois pouvoir dire que les conditions générales qui règlent la création des parcs et jardins publics sont les mêmes sous toutes les latitudes. (*Applaudissements.*)

M. le Président. — Puisque personne ne demande la parole, vous me permettrez, Messieurs, de vous présenter quelques observations sur cette question des parcs considérée au point de vue de l'hygiène.

La médecine, vous le savez, ne perd jamais ses droits, et, quand on l'a exercée, on pense toujours à la santé des gens, alors même que l'on n'exerce plus! (*Sourires.*)

Les jardins des grandes villes doivent remplir des conditions spéciales au point de vue de l'hygiène, car la plupart des maladies épidémiques des enfants, rougeole, variole, etc., sont contractées dans les squares ou sur les promenades publiques.

Il faut donc, dans ces jardins, réserver autant que possible de larges allées, de vastes espaces, afin de permettre aux petits enfants d'y venir respirer l'air pur qui leur est absolument nécessaire et d'y jouer librement, à l'abri des accidents de voiture.

C'est un desideratum que je soumets à tous les architectes paysagistes, car, en traversant le parc Monceau, je pense toujours qu'il serait préférable d'avoir des jardins moins gracieux, peut-être, au point de vue de l'art du paysagiste, mais un peu plus hygiéniques! (*Très bien! très bien!*)

Tout à l'heure, il a été question des *effets d'eau*: ils sont très beaux, cela est vrai, mais il est nécessaire que cette eau ne soit pas contaminée. Je crois, à cet égard, qu'il vaudrait mieux se passer d'eau quand on ne peut pas établir d'eau courante. (*Adhésion.*)

Je demanderai également à Messieurs les architectes paysagistes, au point de vue de l'air que l'on vient respirer dans les jardins, de ne pas oublier que, lorsque les feuilles des arbres à feuillage caduc tombent à l'automne, elles fermentent et donnent naissance à des gaz qui emportent avec eux des microbes pathogènes. Il faut donc, autant que possible, employer des arbres à *feuillage persistant* et les choisir surtout parmi les *balsamiques*.

Dans le Midi, les *Eucalyptus* sont des agents admirables d'assainissement; sous nos latitudes, on peut employer les genres *Cupressus*, *Pinus*, etc.

L'air que respireront alors les enfants sera bienfaisant pour leurs poumons.

Je suis persuadé que si Messieurs les architectes veulent bien tenir compte de ces quelques observations, ils pourront rendre les plus grands services à la population des villes et surtout à cette partie si intéressante de la population qui est les petits enfants, parce que c'est l'avenir de chaque pays. (*Vifs applaudissements.*)

TROISIÈME QUESTION

ORNEMENTATION DES SQUARES ET PROMENADES PUBLIQUES
DES GRANDES VILLES; UTILITÉ DE L'ÉTIQUETAGE DES ARBUSTES:
ARBRES ET FLEURS
QUI ENTRENT DANS LEUR COMPOSITION

M. LE PRÉSIDENT. — Nous avons reçu sur cette question un intéressant mémoire de M. Brunet, de Troyes. Comme ce travail est un peu volumineux et que nos ressources nous permettront peut-être de l'imprimer, je vous demande, Messieurs, la permission de ne pas vous en donner lecture (*Assentiment.*), mais je serais très heureux de provoquer quelques observations sur ce point.

J'étais très heureux, alors que j'étais petit élève et que j'apprenais les éléments de la botanique, de pouvoir vérifier dans les jardins publics où l'on avait eu la bonne idée d'étiqueter, les petites connaissances que j'avais puisées dans les livres.

M. BALTET. — Je vous demande, Messieurs, la permission de vous faire remarquer que c'est un élève de l'école d'horticulture de Saint-Mandé qui a rédigé cet intéressant mémoire.

Les jardins de Troyes, qui sont soigneusement étiquetés, ont été plantés dans les fossés des anciennes fortifications.

Les étiquettes que nous employons sont exposées à la classe 43 et j'en recommande vivement l'emploi. Elles sont métalliques, à fond bleu, et sont passées au blanc de céruse : elles durent très longtemps.

J'ajoute que l'on a tracé à Troyes de ces larges allées dont parlait M. le Président; mais je crois que l'on se proposait de faciliter la circulation des voiturettes d'enfant, dont l'usage s'est généralisé, plutôt que d'une question hygiénique.

M. LE PRÉSIDENT. — Je voudrais encore vous présenter une observation relative à ce magnifique parc de la Tête-d'Or, de Lyon, que l'on ne saurait trop admirer.

Je suis allé à Lyon dernièrement, à l'occasion du congrès chrysanthémiste, et je vous dirai en passant que mon ami le professeur Cazeneuve m'y a fait visiter cet *Institut chimique* qui peut rivaliser, je crois, avec les institutions similaires existant en Allemagne et à Zurich. (*Adhésion.*)

Au parc de la Tête-d'Or, j'ai vu un *jardin botanique horticole*; c'est une innovation extrêmement heureuse, car elle permet au petit amateur, au petit rentier, je dirai même au petit artisan, de voir croître toute la série des plantes des jardins, depuis la petite fleurette du printemps jusqu'au Chrysanthème de l'automne.

Je voudrais voir suivre un tel exemple, qui permet d'examiner sur place les plantes cultivables dans un jardin, et c'est dans les jardins des grandes villes qu'il serait utile d'appliquer une idée si heureuse; ce serait le sujet d'une étude attrayante, en même temps qu'un moyen de rendre service aux populations les plus intéressantes, c'est-à-dire les plus laborieuses. (*Très bien! très bien!*)

QUATRIÈME QUESTION

LES CAUSES DE LA MALADIE DES CLÉMATITES, SON TRAITEMENT

M. LE PRÉSIDENT. — Il n'a pas été déposé de mémoire sur cette question.

M. FERD. JAMIN. — Je crois que c'est parce que, jusqu'à présent, on n'a encore rien trouvé contre ce mal terrible.

M. CORNU. — Quelle est cette maladie?

M. MUSSAT, *vice-président.* — Je crois, Messieurs, que ces fleurs admirables peuvent être attaquées par un grand nombre d'ennemis; les uns sont des parasites cryptogamiques dont on peut avoir facilement raison; mais il m'a paru, d'après quelques expériences que j'ai commencées sur ce sujet, en collaboration avec M. Julien, mon répétiteur, que l'ennemi le plus redoutable des Clématites est un animal très petit, presque microscopique, classé par les zoologistes dans le genre *Heterodera*.

Ces petits animaux vivent dans le sol et on les trouve dans presque toutes les cultures de Clématites à tous les états de développement : œuf, larve, état parfait.

Bien que l'humidité soit favorable à ces petits helminthes, je crois que l'on peut les détruire par la *submersion totale*. Il suffit, en effet (et cela est toujours possible pour la culture en pots), d'immerger les Clématites ou les Bégonias sous 2 centimètres d'eau pour tuer en vingt-quatre heures les larves ou les individus adultes.

Je ne sais pas encore si le procédé peut s'appliquer aux œufs.

S'il en était ainsi, nous pourrions, dans un grand nombre de circonstances, sauver ces belles plantes que tout le monde peut admirer en ce moment à l'Exposition. (*Applaudissements.*)

M. Georges Boucher. — Messieurs, j'ai étudié depuis une quinzaine d'années la maladie des Clématites, et j'ai remarqué que les insectes qui détruisent ces plantes n'apparaissent pas dans un terrain où il n'y en a jamais eu auparavant.

La maladie me semblerait due, dans la majorité des cas, à la décomposition des tuteurs ; en effet, si les tuteurs sont faits avec des bois qui ne se décomposent pas, la plupart des plantes sont préservées.

Le sulfate de cuivre, le soufre, préservent également la Clématite de la maladie.

Il faut avoir soin de ne pas employer des terres où l'on a cultivé des Carottes, des Betteraves, dont les racines peuvent avoir été atteintes du même mal. Si l'on emploie des terres à blé ou à foin, des terres de bruyère plutôt sableuses, avec des pots bien lavés, bien propres, il n'y a presque rien à craindre.

C'est donc là, à mon avis, surtout une question d'hygiène.

Quant à la maladie, c'est à Messieurs les savants de chercher à la détruire.

M. Gérard. — On peut arriver à détruire les insectes en arrosant les racines avec du jus de tabac très étendu, au 1/500ᵉ par exemple.

Nous avons ainsi réussi à détruire les larves qui attaquent les feuilles du *Chrysanthemum ;* la nicotine n'attaque pas les plantes à si faible dose, mais elle est absorbée en quantité suffisante pour tuer les insectes.

C'est là, je crois, un excellent procédé à employer contre les parasites qui habitent l'intérieur des plantes.

Nous employons surtout une solution complètement blanche qui est de l'oxalate de nicotine ; on le fabrique couramment à Marseille, et ce produit, beaucoup plus actif que le jus de tabac, sans odeur désagréable, est très facile à employer à l'aide des instructions données à la manufacture des tabacs.

M. Mussat. — Je tiens à remercier M. Boucher des indications très pratiques qu'il a bien voulu donner au Congrès.

Mais il ne faudrait pas croire que la décomposition des tuteurs en bois puisse donner naissance aux parasites animaux dont je parlais tout à l'heure.

Je ne vois qu'un avantage, très réel, il est vrai, à l'emploi de tuteurs en bois imputrescibles, c'est que l'on n'est pas obligé de les changer à chaque instant.

Les tuteurs en bois servent simplement de *transporteurs* des parasites, et surtout des œufs qu'ils peuvent amener d'un pot à l'autre. (*Applaudissements.*)

M. Rodigas, *directeur de l'École d'Horticulture de Gand.* — Messieurs, j'ai visité l'an dernier les cultures de Boskoop en Hollande ; on y peut voir des milliers et des milliers de Clématites. Elles sont entourées d'une sorte de manchette en papier goudronné, placée dans le bas de chaque plante et enfoncée de deux ou trois centimètres dans le sol.

Ces manchettes sont destinées à prévenir les brusques variations de température qui sont considérées là-bas comme la cause de ce dépérissement étrange que l'on constate sur les Clématites.

Peut-être pourrait-on faire en France quelques expériences à ce sujet. (*Marques d'approbation.*)

M. Georges Boucher. — Il est vrai que ce n'est pas la décomposition du bois des tuteurs qui amène la maladie, mais j'ai fait depuis quinze ans des expériences sur des carrés de Clématites, les unes munies de tuteurs en bois se décomposant très vite, comme le peuplier ; d'autres étaient tuteurées avec d'autres bois, d'autres avec du fer, d'autres encore avec des bambous imprégnés de sulfate de cuivre ; d'autres, enfin, n'avaient pas de tuteurs.

Or, de ces dernières, il n'est pas mort 2 p. 100 ; dans les bambous, j'ai eu des pertes de 7 à 8 p. 100 ; dans les carrés tuteurés avec des bois à décomposition rapide, les pertes se sont élevées à 25 p. 100 !

Avec le sulfate de cuivre, les pertes sont faibles.

Tels sont les résultats de mes expériences. (*Vifs applaudissements.*)

M. le Président. — Je remercie vivement les auteurs des communications que nous venons d'entendre.

CINQUIÈME QUESTION

L'ART DU FLEURISTE DÉCORATEUR, SON DÉVELOPPEMENT, SES PROGRÈS, SON UTILITÉ, ET LA PLACE QU'IL TIENT DANS L'HORTICULTURE, SA CONSOMMATION DES PRODUITS HORTICOLES

M. le Président. — La parole est à M. Maumené.

M. Albert Maumené donne lecture de son mémoire sur *l'Art du fleuriste décorateur*.

Il traite successivement du développement de cet art depuis l'antiquité égyptienne, grecque et romaine, signale au xɪe siècle l'apparition des bouquetières chapelières en fleurs, confectionnant d'abord des couronnes, puis des garnitures destinées à orner les toilettes de bals et de fêtes ; il expose l'esthétique florale du moyen âge, laquelle ne change pas sensiblement jusqu'au début du xɪxe siècle ; puis passant à l'art floral pendant ce xɪxe siècle, il fait observer que, rompant avec une ancienne esthétique, Mme Prévost, en 1840, créa les gerbes destinées à remplacer le bouquet pyramidal. L'auteur du mémoire montre ensuite l'art floral se précisant avec le second Empire, progressant de plus en plus, pour se manifester de nos jours sous des formes très esthétiques ou dans lesquelles ce n'est plus seule la quantité de fleurs qui est en cause, mais aussi et surtout l'effet produit par certaines associations de fleurs.

M. Maumené expose ensuite l'utilité de l'art du fleuriste décorateur, la place que cet art tient dans l'horticulture, et il insiste en terminant sur la consommation que fait cet art des produits horticoles.

M. le Président. — La parole est à M. Debrie.

M. Debrie fait remarquer à propos du mémoire de M. Maumené que la maison Lachaume a été fondée à la même époque que la maison Prévost, puis ensuite ont été créées les maisons Barjon et Vaillant.

M. Debrie donne lecture de son mémoire sur l'art fleuriste.

Après avoir exposé l'origine et le développement de cet art, il insiste sur les progrès réalisés au cours du xixe siècle, et principalement sur l'usage que l'on fait en composition florale de l'Orchidée, sans oublier cependant les fleurs plus anciennes : Roses, OEillets, Lilas, etc., toujours aussi employées. M. Debrie mentionne aussi l'usage très fréquent des plantes à feuillage vert ou fleuries dans la décoration florale. Quant à l'utilité de l'art fleuriste, qui songerait à la nier ? Enfin le mémoire se termine par l'exposé de l'importance commerciale de l'art fleuriste et, par un calcul basé sur des recherches sérieuses, son auteur démontre que les 480 fleuristes environ établis à Paris achètent annuellement pour 10 millions de francs de fleurs coupées et plantes, chiffre qui témoigne de l'utilité de l'art créé par les fleuristes et du rôle considérable qu'il joue dans l'horticulture. (*Très bien ! très bien !*)

M. le Président. — Je remercie M. Debrie de son intéressante communication et aussi de son obligeance, car il compte faire imprimer à ses frais son mémoire et il veut bien en mettre un certain nombre d'exemplaires à la disposition des membres du Congrès (*Applaudissements.*)

Avant de nous séparer, nous pourrions entendre encore un mémoire relatif au meunier de la laitue et des romaines forcées. (*Adhésion.*)

La parole est à M. Curé, secrétaire du Syndicat des maraîchers de la région parisienne, sur la 6e question : « Moyens de prévenir ou de guérir les maladies des cultures maraîchères, telles que : meunier des laitues et romaines forcées ; nuile des melons, grise et rouille du céleri, maladie des tomates. »

SIXIÈME QUESTION

MOYENS DE PRÉVENIR OU DE GUÉRIR
LES MALADIES DES CULTURES MARAÎCHÈRES, TELLES QUE :
MEUNIER DES LAITUES ET ROMAINES FORCÉES; NUILE DES MELONS;
GRISE ET ROUILLE DU CÉLERI; MALADIES DES TOMATES

M. Curé donne lecture d'un mémoire sur le traitement préventif ou curatif du meunier de la Laitue.

M. Curé étudie la question au point de vue pratique, sans s'occuper du côté scientifique : il signale les travaux de M. Julien, de l'École de Grignon, sur cette question; puis, passant sur les qualités du sulfate de cuivre, il apporte les résultats des expériences pratiques faites par un syndicat de maraîchers, sous la direction de M. Max. Cornu, professeur de culture au Muséum.

Le traitement des laitues et romaines par l'eau céleste avait presque entièrement fait disparaître le meunier, mais on proposa ensuite d'arroser le sol avec de l'eau céleste au moment de la semence et au repiquage, et, à la plantation, de couvrir le sol avec des copeaux de bois ou du paillis imbibés d'une solution d'eau céleste. Tel est le traitement préconisé, dit M. Curé, par la commission; selon lui, il y a tout lieu d'espérer en l'efficacité de ce traitement préventif, mais le traitement curatif devra être fait lorsque l'on découvrira des traces de maladie survenues pendant la végétation.

M. Curé termine en exprimant l'espoir que les efforts persévérants des maraîchers atténueront les désastres du meunier, de même que les efforts des vignerons sont parvenus à atténuer ceux du mildiou. (*Applaudissements.*)

M. Cornu. — J'aurai peu de chose à ajouter à ce que vient de dire M. Curé,

Les résultats terribles causés par le meunier tiennent à ce fait que, dans une expédition de laitues, le champignon qui était en puissance dans les feuilles se développe sur les feuilles extérieures, les change en un putrilage noir qu'on est obligé d'arracher, et déshonore ainsi la marchandise. Le destinataire proteste alors contre l'envoi qui lui est fait, d'où contestations et quelquefois refus d'accepter la marchandise.

La culture de la Laitue dans les marais des environs de Paris atteint un chiffre de près de 10 millions de francs; c'est dire combien peuvent être considérables les dégâts causés par le meunier.

Le syndicat des maraîchers avec lequel j'ai l'honneur d'être en relations, depuis vingt-cinq ans, s'est occupé avec beaucoup de soin, de sollicitude, de persévérance et d'énergie de combattre cette maladie. Il avait eu d'abord une idée qui peut paraître singulière au premier abord : c'était, par une belle gelée de 3 ou 4 degrés, de lever les cloches. La gelée frappait quelques feuilles et chose curieuse, les feuilles malades seulement. Par malheur, des contaminations ultérieures se produisaient : les membres du syndicat eurent alors l'idée de se servir des sels de cuivre, et je dois ici leur rendre hommage ; tout ce qui a été fait l'a été de leur propre initiative. Quelque modestie qu'ait eue M. Curé dans son rapport, je n'y ai été pour rien, et les expériences faites sur des plantes très gravement atteintes les ont rendues très présentables, alors que, quelques jours plus tard, on aurait été obligé de les jeter. J'estime donc que, si ces messieurs exécutent à la lettre les prescriptions qu'ils ont reconnues nécessaires, ils obtiendront pour le traitement du meunier de la laitue des résultats aussi satisfaisants que ceux qu'ont obtenus les viticulteurs à l'égard du mildew.

Les membres de ce syndicat ont mis en pratique une particularité très curieuse des sels de cuivre déjà observée dans la viticulture ; je veux parler de l'effet produit par ces sels, non par contact, mais *à distance*.

Lors de l'apparition du mildew, M. Perret, de Dijon, reconnut que la maladie avait fait moins de dégâts dans les vignobles dont les échalas avaient été sulfatés l'année précédente : il en conclut à l'efficacité du sulfatage à distance ; dans le traitement adopté pour les laitues, qui consiste à couvrir le sol de copeaux ou plutôt de paillis, le sel de cuivre agit aussi à distance, et je suis convaincu qu'il donnera d'excellents résultats.

Les meules de fumier qui servent à la culture des champignons deviennent rougeâtres et perdent leurs principes actifs.

M. le Président. — Il ne reste plus que de la cellulose ?

M. Cornu. — Je l'ignore, car je n'ai pas analysé ce fumier ; toujours est-il qu'il a perdu ses qualités ; mais il peut servir, après avoir été imbibé d'eau céleste, à pailler les nouvelles cultures. On diminuera ainsi la facilité de contamination qui, vous le savez, est très grande.

En effet, le meunier émet des milliards de spores, et quand, par beau temps, on lève des rangées entières de cloches, les ravages qui résultent de l'émission de ces spores sont considérables. Grâce au fumier, les spores ne germeront plus et j'espère que le marché sera désormais à l'abri de tels désastres.

Je le répète, ces résultats sont dus à l'énergie persévérante du syndicat des maraîchers, et il n'est pas d'horticulteurs aux environs de Paris qui possèdent à un plus haut degré ces qualités de persévérance et d'énergie auxquelles M. le Président faisait allusion tout à l'heure. (*Applaudissements.*)

M. Curé. — M. Cornu est vraiment trop modeste : nous avons fait le travail manuel, mais sous sa direction de professeur et d'après ses conseils c'est ainsi que les maraîchers ont atteint ce résultat. (*Très bien ! très bien !*)

M. le Président. — Pour vous mettre d'accord, je remercie M. Cornu de sa communication et de son zèle, de son dévouement pour les intérêts agricoles et horticoles. D'ailleurs, il sait ce que je pense de lui et j'ai traduit l'admiration que j'ai pour son talent et son dévouement dans une forme qui l'honore et qui honore en même temps la décoration qu'il porte. (*Applaudissements.*)

Je remercie aussi, comme l'a fait M. Cornu, le Syndicat des maraîchers, dont je vois ici l'aimable président et le sympathique secrétaire et je m'associe, j'associe le Congrès aux éloges qu'il a faits de cette corporation si intéressante.

Comme l'a dit M. Curé, dans un ouvrage qui a paru récemment, il se passe à leur égard un fait particulier, c'est que, de même que pour les horticulteurs, a profession se transmet des pères aux fils : ils ne cherchent pas pour leurs enfants de débouchés dans le fonctionnarisme, ni dans les professions dites libérales ; ils trouvent la leur très honorable et élèvent leurs enfants comme ils ont été élevés, dans l'amour du travail et du métier qu'ils exercent. (*Vive adhésion.*)

C'est ainsi que se constituent des dynasties de maraîchers : certains noms datent de plusieurs siècles, et une famille, celle des Dulac, je crois, peut faire remonter son origine jusqu'au règne de Charles V ! Des quartiers entiers de Paris, aujourd'hui couverts d'habitations somptueuses, ont appartenu, il y a des centaines d'années, à quelques-unes de ces familles dont nous avons encore parmi nous des représentants, tels que les Stainville, les Hébrard et autres.

De tels hommes méritent qu'on les serve non seulement avec plaisir, mais avec déférence, parce que ceux qui sont ainsi attachés au sol aiment deux fois leur patrie ! *Vifs applaudissements.*)

M. FREDET. — Je désirerais connaître la faculté d'absorption des fruits et des légumes qu'on arrose de sulfate de cuivre. Certains accidents sont survenus à des personnes qui avaient mangé des Tomates, par exemple ; y a-t-il absorption suffisante par l'épiderme des fruits ou légumes pour occasionner ces troubles dans l'organisme ?

M. CORNU. — La méthode dont nous parlons n'a pas été l'arrosage direct, mais l'*action à distance* du sulfate de cuivre. Un sou que vous tenez dans la main y laisse une odeur de cuivre, et cependant, il n'a rien perdu de son poids ; un gramme de musc répand son parfum pendant des années sans que la perte de poids qu'il subit soit sensible à un dixième de milligramme ; de même, c'est la vapeur du sulfate qui agit et on n'a pas à craindre de rendre nocifs les légumes ainsi traités.

L'expérience n'a pas été faite sur des Tomates, et les accidents qu'elles peuvent occasionner tiennent sans doute à d'autres causes, par exemple à l'acidité qu'elles conservent toujours dans notre climat ; d'autre part, la Tomate trop sulfatée se couvre de taches, et par conséquent, dénote par ce fait sa nocivité.

Et puis, le cuivre n'est pas si nuisible ; la preuve en est dans les résultats inoffensifs de la cuisine faite dans des récipients de cuivre qui communiquent des qualités plus considérables de sels de cuivre sans inconvénients. Je considère donc cette objection comme de peu de valeur au point de vue de la salubrité.

M. LE PRÉSIDENT. — Au point de vue hygiénique, l'empoisonnement par les sels de cuivre n'est guère à craindre.

Pour les Vignes, les grands traitements se font surtout avant l'apparition de la grappe. ·

Quant à ce qui est des aliments, on attribue souvent aux sels de cuivre des accidents dus simplement à la formation de ptomaïnes et de leucomaïnes qui jouent un rôle toxique. Enfin, le sel de cuivre est un vomitif très violent, beaucoup plus énergique que l'ipéca ou que le sel d'antimoine, l'émétique ; par conséquent, l'organisme qui l'absorberait s'en débarrasserait très vite sans inconvénient. (*Marques d'assentiment*).

M. LE PRÉSIDENT. — Messieurs, nous venons d'entendre des choses très intéressantes, je propose de renvoyer la séance à demain. (*Adhésion.*)

Nous commencerons donc demain à trois heures par l'étude de la question si intéressante du thermosiphon.

Tout à l'heure, on a parlé de fleurs ; je vais continuer et vous parler des dames. (*Sourires*). On a demandé si les congressites invités à la fête de demain samedi pouvaient amener leurs femmes ; ils le peuvent : nous en serons enchantés, ce sera des fleurs de plus dans la fête. (*Applaudissements.*

La séance est levée à six heures vingt minutes.

SÉANCE DU SAMEDI 26 MAI 1900

PRÉSIDENCE DE **M. Viger.**

La séance est ouverte à 3 heures.

M. le président VIGER invite MM. Désiré D'ANGYAL, directeur de l'Ecole d'Horticulture de Budapesth ; DE KAZY, conseiller au ministère de l'Agriculture de Hongrie, et LACKNER, président de la Société d'Horticulture de Prusse, à prendre place au Bureau.

M. LE PRÉSIDENT. — Messieurs, vous avez vu ces deux magnifiques serres qui ont été élevées sur les bords de la Seine et qui font tant d'honneur à l'habileté et au goût de M. Gauthier, architecte, qui en a conçu le plan et qui a dirigé les travaux, ainsi qu'aux entrepreneurs qui les ont exécutés.

Ce sont deux monuments qui pourraient nous être très utiles dans l'avenir pour y faire nos expositions. Au lieu d'être comme les nomades et de nous abriter sous la tente, nous voudrions bien être logés chez nous, fût-ce sous le verre ; si les serres pouvaient rester à l'état permanent sur le Cours-la-Reine, nous aurions là un logement tout préparé pour nos expositions et nous pourrions réaliser une économie considérable, car la dépense de location des tentes représente une dépense qui n'est pas inférieure à 20 ou 25.000 francs.

Grâce à l'économie réalisée, nous pourrions augmenter le nombre et l'importance des prix que nous accordons à des hommes qui en méritent tous et auxquels il nous est difficile d'en distribuer autant que nous le voudrions (*Vive adhésion*). J'ai pensé que l'occasion était bonne, lors de ce Congrès où se rencontrent horticulteurs français et horticulteurs étrangers, pour vous proposer d'émettre le vœu : *Que les serres qui servent actuellement à l'Exposition internationale d'Horticulture restent à l'état permanent sur le Cours-la-Reine et que l'État et la Ville de Paris veuillent bien nous accorder ce logement pour l'avenir. (Très bien ! Très bien !)* Je suis convaincu que ce vœu rencontrera votre sympathie à tous, Messieurs de l'Horticulture française, et la vôtre aussi, Messieurs les horticulteurs étrangers, car nos expositions sont internationales tous les cinq ans, et tous les ans beaucoup d'entre vous viennent rendre visite à notre exposition. (*Assentiment.*) Ces serres ont été inaugurées d'une façon trop splendide pour que les hôtes charmants qui y sont logés, — je veux dire les plantes et les fleurs, — ne trouvent là qu'un abri provisoire ; je vous demande d'émettre le vœu qu'ils y trouvent, au contraire, un abri permanent et je vous prie de m'autoriser à transmettre, en votre nom à tous, l'expression de ce vœu à M. le ministre du Commerce et de l'Industrie, à

M. le ministre de l'Agriculture et à M. le préfet de la Seine. (*Vifs applaudisse-ments.*)

Le vœu présenté par M. le président est mis aux voix et adopté à l'una-nimité.

Le Congrès aborde la suite de l'ordre du jour.

SEPTIÈME QUESTION

Y AURAIT-IL AVANTAGE POUR LA CULTURE MARAICHÈRE A CHAUFFER AU THERMO-SIPHON

M. Jarles, auteur d'un mémoire sur cette question, n'ayant pu se rendre à la séance, M. le secrétaire général Bergman donne lecture de son travail.

L'auteur du mémoire indique que les cultures maraîchères faites sur couches sont exposées aux aléas résultant des grands froids, des neiges per-sistantes et des temps bas et humides qui se présentent parfois par séries de quinze jours.

Le concours d'un chauffage devient donc nécessaire; le thermo-siphon a été appliqué à différentes cultures (melons, haricots, fraisiers, tomates); il ne réussit bien que dans certaines terres, par les temps très froids, avec une lumière assez forte; pour les carottes, les salades, les radis, les choux-fleurs, il est rare que la plante n'ait pas à souffrir de la chaleur sèche, provenant des tuyaux, qui facilite l'éclosion des insectes.

L'auteur, examinant les moyens de remédier à ces inconvénients, recom-mande le chauffage à vapeur à basse pression; avec un système modifié suivant les besoins, il est possible de chauffer toutes les cultures maraîchères, mais il ne faut pas en abuser, et c'est seulement pour remédier à une mau-vaise température persistante qu'il faut y recourir, tous les chauffages, quels qu'ils soient, ne valant d'ailleurs pas quelques rayons de soleil. (*Vifs applau-dissements.*)

M. LE PRÉSIDENT prie M. le secrétaire général de transmettre à M. Jarles les remerciments du Congrès.

M. MILLET. — Messieurs, j'ai obtenu d'excellents résultats pour la pro-duction des haricots verts, en alternant les couches avec un chauffage de cent panneaux, dont les tuyaux passaient sous les sentiers. Cette production eût été très rémunératrice si le Midi et l'Algérie, en venant la concurrencer, n'avaient pas fait tomber les prix de 20 francs à 8 francs. Je suis de même arrivé à obtenir des melons à un prix rémunérateur en me servant avec précaution de tuyaux de chauffage. Quel que soit le système que l'on emploie, il faut en user modérément et le combiner avec le fumier ; l'un et l'autre de ces procédés, employé seul, serait insuffisant.

Pour les hautes primeurs en culture maraîchère, l'action combinée du chauffage et du fumier serait très bonne.

Pour les cultures de deuxième saison, le fumier est toujours maître de la situation. (*Applaudissements.*)

M. le Président. — Je remercie M. Millet de ses observations ; elles sont d'autant plus intéressantes qu'elles émanent d'un homme d'expérience dont les produits font l'admiration de tous. (*Applaudissements.*)

En résumé, tous les professionnels sont d'accord pour reconnaître que c'est le soleil qui produit les meilleures primeurs, mais qu'il faut pouvoir suppléer à ses rayons lorsqu'ils ne peuvent pas se montrer et exercer leur action bienfaisante, en se servant du thermo-siphon. (*Très bien! Très bien!*)

HUITIÈME QUESTION

MANIÈRE D'EMPLOYER ET DE COMPOSER LES ENGRAIS CHIMIQUES POUR LES DIFFÉRENTES CULTURES MARAICHÈRES

M. Curé demande la parole au nom de la classe 44 qui a désiré que cette question fût inscrite au programme du Congrès.

M. le président présente à l'assemblée M. Curé, secrétaire du Syndicat des maraîchers.

M. Curé, dit-il, est l'auteur d'un livre extrêmement curieux dans lequel il nous a appris des choses trop peu connues sur l'histoire des maraîchers. Il y a, dans la culture maraîchère, de véritables titres de noblesse ; on fait remonter l'origine de certaines familles jusqu'à Charles V. Mais ce qui est surtout remarquable, que c'est toujours la femme du maraîcher est la collaboratrice la plus intelligente et la plus dévouée de son mari. Dimanche dernier, je présidais un modeste banquet de maraîchers ; j'ai été très heureux d'y voir les femmes de ces honorables travailleurs, parce que je sais quel est leur esprit de dévouement ; ces dames, dont quelques-unes ont une véritable fortune, ne dédaignent pas d'aller la nuit porter les produits de la culture du jour et de s'occuper des affaires avec un zèle et un dévouement auxquels je suis heureux de rendre hommage. (*Vifs applaudissements.*)

M. Curé. — Messieurs, il ne s'agit pas, dans la pensée des membres de la classe 44, de la question générale de l'emploi des engrais chimiques. Il s'agit de rechercher pourquoi un terrain de culture maraîchère, sur lequel on obtenait autrefois jusqu'à trois saisons de choux-fleurs, par exemple, ne donne plus rien aujourd'hui. Que s'est-il passé ? La terre « se dégoûte-t-elle », comme l'a dit Mathieu de Dombasle? Ou bien lui manque-t-il quelque chose qu'on puisse lui rendre au moyen des engrais chimiques?

M. le Président. — La terre ne se dégoûte jamais et il suffit de lui rendre les matériaux de fertilisation dont elle a besoin. A ce sujet, je vous citerai Messieurs, l'expérience que j'ai faite sur un champ d'asperges m'appartenant et qui ne donnait plus que des tiges grêles ; le champ fut divisé en deux parties, la première étant traitée au moyen de l'engrais indiqué par M. Georges Truffaut, la seconde restant comme témoin. La première partie donna des asperges triples comme grosseur et comme importance de celles qui avaient été obtenues l'année précédente.

M. Rimaucourt donne lecture de son mémoire sur l'insuffisance du fumier dans la culture maraîchère et le jardinage.

Après avoir signalé les différences profondes qui séparent la culture maraîchère de l'agriculture, l'auteur recherche quelles sont les exigences minérales des légumes, en raison de la croissance plus rapide qui leur est imposée, de la succession ininterrompue sur le même sol de plantes très exigeantes. Le fumier étant dès lors insuffisant, il est nécessaire de fournir aux cultures maraîchères les éléments dont elles ont besoin et qui supprimeront, entre autres, la nuile des Melons, la rouille du Céleri et les maladies des Tomates. L'auteur met à la disposition de ses confrères un certain nombre de formules dont l'application lui a donné les meilleurs résultats. (*Applaudissements*).

M. Georges Truffaut. — Messieurs, la question de l'application des engrais chimiques aux cultures maraîchères a été mise au concours cette année par la Société des Agriculteurs de France. J'ai fait pour ma part, en vue de l'étude de cette question, un certain nombre d'analyses dont les résultats sont consignés dans un mémoire qui doit venir devant le prochain Congrès d'agriculture ; ils ne peuvent donc pas être communiqués à l'assemblée, mais ils sont connus de quelques-uns de nos membres, notamment de M. Mussat.

La question primordiale est celle de la restitution : un sol épuisé ne redevient fertile que si on lui restitue les éléments qui lui manquent.

Il faut donc savoir ce qu'elles enlèvent au sol et ce que le sol est susceptible de fournir à ces plantes.

Sur le premier point, on s'est basé jusqu'à présent sur le recueil de Wolff, publié en Allemagne vers 1867, et qui contient un certain nombre d'analyses de légumes. Mais ces analyses ne sont pas assez nombreuses, elles se rapportent, par exemple, aux Choux en général : or, il y a autant de différences entre un Chou-rave et un Chou-fleur qu'entre un Radis et une Pomme de terre, au point de vue de la composition chimique. (*Adhésion.*) Les nouvelles analyses ont été faites sur de nombreuses variétés de chaque légume ; elles seront sans doute reproduites dans le « Bulletin de la Société d'horticulture », lorsqu'elles auront été publiées par la Société des Agriculteurs de France.

Les besoins des légumes étant connus d'une façon précise, il importe de savoir si le sol est en état de leur fournir les éléments nécessaires, et c'est ici que vient naturellement la réponse à la question posée par M. Curé.

Dans la grande culture maraîchère, qui peut se comparer à la grande culture agricole, il est indispensable de combiner les restitutions d'après la nature même du sol ; dans ce cas, les engrais chimiques proprement dits sont presque toujours efficaces, surtout les engrais azotés et les engrais organiques (sang desséché, guanos de poissons et tous les engrais à décomposition relativement lente comme l'humus). Pour la petite culture maraîchère, la situation est différente. On se trouve parfois en présence d'un sol en culture depuis plus de cent ans, sur lequel le maraîcher apporte souvent plus de 100.000 kilogrammes de fumier représentant 550 kilogrammes d'azote.

La question se pose dans les termes suivants : nous sommes en présence d'un immense réservoir de fertilité qui ne se vide plus, et les 600 kilogrammes d'azote que l'on y apporte annuellement par l'intermédiaire du fumier se trouvent immobilisés, en quelque sorte, parce que les terres sont *gorgées* d'humus (elles contiennent de 8 à 15 p. 1000 d'Az et sont aussi riches que des poudrettes). Il en résulte que tout ce fumier n'agit en réalité que par la petite quantité de carbonates ou de bicarbonate de potasse et de chaux qui y est contenue. En somme, on amène des tombereaux de fumier dont la meilleure partie peut être a un effet utile.

Il faut bien savoir que la *nitrification* est la chose la plus importante ; il faut donc mobiliser l'azote et deux procédés se présentent pour y arriver :

1° L'*arrosage*, qui est entré dans la pratique habituelle ;

2° La *présence de calcaire*, excellente pour les Artichauts, les Asperges, mais assez mauvaise pour les salades.

Des expériences faites à Grignon ont démontré que *le carbonate de potasse devrait jouer le principal rôle comme agent nitrificateur dans la petite culture maraîchère.*

Il dissout, en effet, les matières organiques qui sont aptes à être putréfiées.

M. le Président. — Vous le préférez au chlorure de potassium ?

M. Truffaut. — Je le considère ici comme *agent de nitrification*. M. Mussat peut se rappeler que nous avons fait nitrifier ainsi des terreaux de feuilles et de terres de Bruyère *qui sont réputés non nitrifiables*.

Il y a donc intérêt à faire des arrosages avec du *carbonate de potasse*, sans fumier, en employant 300 kilogrammes au maximum à l'hectare, ce qui entraîne une dépense de 120 à 130 francs seulement.

Comme il y a trop d'azote et d'acide phosphorique dans les terres des marais, on peut augmenter la potasse en apportant du carbonate de potasse.

Quant à l'*acide phosphorique*, je recommande, pour l'obtenir, l'emploi des scories de déphosphoration, dont la tonne coûte 50 francs au maximum et dont le dosage varie de 600 à 700 ; 600 kilogrammes de scories équivalent à un apport de 300 kilogrammes de chaux vive.

En résumé,

Pour les petits marais, je conseille très vivement de cesser momentanément la fumure actuelle au fumier, qui ne peut arriver à mobiliser qu'une très petite fraction de l'azote engagé dans le sol, et d'y introduire du carbonate de potasse qui amènera la nitrification des matières azotées.

Quant à l'acide phosphorique, on l'introduira dans le sol par l'intermédiaire des scories de déphosphoration.

C'est là, je crois, ce que l'on peut proposer de plus sage et de plus pratique. (*Applaudissements.*)

M. LE PRÉSIDENT remercie M. Truffaut de ses intéressantes explications.

M. GÉRARD, *professeur de botanique à l'Université de Lyon*. — Messieurs, je m'associe en grande partie aux observations de M. Truffaut, tout en faisant observer qu'il serait plus prudent, sinon plus économique, pour les maraîchers, de *changer leurs terres* (*Exclamations*) et d'y apporter de la terre à blé.

L'abus des engrais chimiques présente, en effet, des inconvénients aussi redoutables que l'abus du fumier, et l'on risquerait de voir le sol trop imprégné de ces engrais se transformer en une masse extrêmement compacte, très dure et dans laquelle rien ne pousserait plus. L'expérience en a été faite par M. Michel Perret, qui, ayant d'abord obtenu de ses propriétés des environs de Dijon des résultats magnifiques, grâce à l'emploi des engrais chimiques, et en ayant usé d'une façon continuelle, a fini, après plusieurs années, par ne plus obtenir aucune récolte : il a fallu un temps assez long pour rendre au sol la consistance désirable.

Il y a donc lieu de penser qu'il serait sage d'employer une fumure mixte se composant de fumier et d'engrais chimiques en proportions convenables.

J'estime donc qu'il y aurait avantage à changer le sol, lorsque la chose est possible, parce que l'excès d'humus que le maraîcher y apporte rend le sol acide et le met dans des conditions défavorables à la végétation. On pare pendant quelque temps à cet inconvénient au moyen de nouvelles fumures en quantité massive, car elles amènent des alcalis qui saturent en partie les acides du sol et permettent ainsi à la végétation de se produire quelque temps encore ; mais cet humus vient à fermenter, en sorte que l'acidité du sol augmente encore et que l'on ne peut plus la saturer ; si l'on ajoute alors du carbonate de chaux ou de potasse, l'acidité diminue, comme l'indique M. Truffaut, et on permet au sol de donner une nouvelle récolte. On pourrait se servir également de la marne, qui offre l'avantage d'apporter à la fois la chaux et l'argile dont les terrains maraîchers doivent avoir grand besoin.

M. le Président, résumant la discussion, dit qu'en culture maraîchère, on est obligé de développer beaucoup de chaleur et de faire végéter très rapidement les plantes ; on est donc obligé d'employer beaucoup de fumier, qu'on se procure d'ailleurs à bon compte : les cultures maraîchères étant situées près des villes, parfois même enclavées dans les villes.

Lorsque l'acidité devient trop grande, il faut ajouter des alcalins pour saturer cette acidité, afin de permettre à l'azote de s'absorber. Comme les légumes demandent une très grande quantité d'azote, si l'on ne met pas une quantité suffisante d'alcalins, aucune végétation ne se produit plus. L'orateur a pu constater, par de nombreuses analyses qu'il a fait faire, que, malgré son immense talent de parole et son talent de vulgarisateur, M. Georges Ville n'avait pas toujours vu très juste dans la question de l'assimilation des engrais artificiels, ou plutôt, pour employer la seule expression admise par Chevreul, des engrais complémentaires. Les expériences d'Hellriegel et de Willfarth en Allemagne, celles de Berthelot en France et les expériences faites plus récemment à Grignon ont prouvé que l'absorption des engrais par les plantes n'est pas seulement un acte physique et un acte chimique, mais qu'il intervient là un phénomène biologique, et c'est ce qui vérifie les admirables théories de notre immortel Pasteur ; là encore, il faut tenir compte des fermentations.

Il y a là, vous le voyez, tout un ensemble de phénomènes dont il faut tenir compte si l'on veut bien comprendre la théorie des engrais naturels et des engrais complémentaires. En résumé, lorsqu'un terrain maraîcher est sursaturé de fumier, il faut lui donner des alcalins ; puis, lorsque cette terre est fatiguée, y ajouter, comme le conseillait M. Girard, une certaine quantité de terre végétale pour rendre au sol une partie des qualités qu'il a perdues. (*Applaudissements.*)

M. le Président. — Avant d'aborder la discussion de la question suivante, je dois, conformément à la demande que m'en a faite M. Curé, faire connaître à MM. les professeurs, botanistes et horticulteurs étrangers qu'il y aura réunion chez lui vendredi prochain à trois heures pour visiter une exploitation de culture de champignons.

Je prie, de mon côté, MM. les congressistes qui se sont fait inscrire pour l'excursion à Versailles de vouloir bien retirer leur carte au bureau qui se trouve dans le vestibule. Je les préviens en même temps, non pas que je les guiderai, — car MM. Nanot et Truffaut sont deux professionnels qui s'acquitteront beaucoup mieux que je ne saurais le faire de cette mission — mais que je les accompagnerai.

Le premier rendez-vous est à dix heures, à l'École d'horticulture de Versailles, le second au déjeuner que nous offrent la municipalité de Versailles et la Société d'horticulture de Seine-et-Oise, à l'hôtel des Réservoirs. Ceux des membres du Congrès qui ne se seront pas trouvés au premier rendez-vous, n'auront garde, je pense, de manquer au second. (*Rires.*)

3

NEUVIÈME QUESTION

QUEL A ÉTÉ LE ROLE DE LA FÉCONDATION ARTIFICIELLE DANS L'HORTICULTURE?

M. LE PRÉSIDENT. — Personne ne demande la parole sur la neuvième question?

Je donne alors la parole à M. Theulier fils pour qu'il nous lise son mémoire intitulé : *Remarques sur la fécondation des Pélargoniums zonés.*

M. THEULIER donne lecture de ce mémoire. Il fait remarquer que si l'opération de la fécondation des Pélargoniums est, pour toute personne possédant quelques notions de botanique, une chose très simple, il est beaucoup plus difficile d'arriver à la production de sujets dignes de figurer dans une collection.

Pour obtenir des variétés à très fortes ombelles, supportées par des pédoncules rigides sortant bien du feuillage, des fleurs larges, résistantes et n'aiguillant pas, il faut, dit-il, étudier minutieusement la plante, sa végétation, ses organes, au moment où l'on veut opérer la fécondation. C'est parmi les dernières fleurs qui apparaissent sur le tour de l'ombelle portée par la plante désignée pour la fécondation qu'il faut choisir ; pour obtenir des plantes n'aiguillant pas, c'est-à-dire dans lesquelles la faculté de grainer soit presque supprimée, il suffira de prendre le pollen des étamines dont les filets sont très courts.

Il y a lieu de tenir compte aussi de l'influence de la végétation sur la fécondation, notamment de ce fait que les graines récoltées sur la première ombelle d'une énorme grosseur que portent certains rameaux très vigoureux produisent des plantes à floraison tardive et peu soutenue ; pour obtenir les plantes naines très florifères que l'on préfère dans les jardins, il faut choisir des plantes de deux ans, cultivées en pots, qu'on n'arrose que très rarement afin d'avoir des rameaux courts à feuillage très rapproché. Lorsqu'elles portent des ombelles dignes d'être fécondées, on est assuré d'avoir des graines donnant plus de 80 p. 100 de plantes naines très florifères. A partir du moment de la fécondation, il faut arroser plus fréquemment ces plantes.

Certaines variétés à *gros bois* ne pouvant pas être fécondées avec des variétés à *petit bois*, il est nécessaire de recourir au greffage, qui donne d'excellents résultats ; on peut hybrider ainsi ou, autrement dit, féconder les différentes espèces de *Pélargonium* entre elles. (*Applaudissements.*)

M. WITTMACK, *Vice-Président.* — Vous avez fait de la fécondation par la greffe ?

M. THEULIER. — Je greffe les deux sujets que je veux féconder afin d'avoir des états de végétation bien équilibrés.

M. LE PRÉSIDENT. — Vous pratiquez la greffe herbacée sur un végétal que vous voulez féconder?

M. THEULIER. — Parfaitement. Les insuccès sont dus, le plus souvent, à la différence de végétation des végétaux qu'on féconde entre eux.

M. LE PRÉSIDENT. — Je crois devoir appeler l'attention des professionnels sur l'intérêt qu'il y aurait à examiner, dans un de nos prochains congrès, cette question de l'hybridation, de l'influence qu'elle a eue et qu'elle aura sur l'horticulture et l'agriculture. Vous avez tous pu voir, Messieurs, dans la serre de la section étrangère, au milieu de l'admirable lot de la principauté de Monaco, une superbe Vanille qui porte des fruits. Vous savez que les premiers pieds de Vanille importés de la Réunion produisaient des fleurs, mais ne donnaient pas de gousses. Ce phénomène s'explique par le fait que la fécondation ne se faisait pas, les insectes qui, dans le pays d'origine, jouent le rôle d'agents de fécondation en transportant la poussière pollinique sur l'ovaire n'existant pas à la Réunion ; la fécondation ne s'opérant pas, l'ovaire mourait et l'on n'avait pas de fruits. Les botanistes consultés ont dit : « Voici ce qu'il faut faire ; prenez, au moment psychologique, le pollen, qui, on le sait, se présente en masse solide (pollinies) dans les Orchidées, et transportez-le sur le stigmate. » Depuis ce temps, on a eu beaucoup de Vanille.

Le même fait s'est produit à Madagascar, où l'on possède aujourd'hui d'admirables cultures de Vanille, et cela grâce à la fécondation artificielle. C'est au métisage et à l'hybridation ou croisement de variétés ou d'espèces entre elles que nous devons les superbes variétés de fleurs qui ont fait la gloire de notre collègue, M. Lemoine, de Nancy, et qui ont répandu son nom dans le monde entier.

Je prie, en conséquence, les professionnels d'étudier spécialement cette question pour notre prochain congrès. Nous ne sommes pas, en effet, des congressistes intermittents, mais des congressistes annuels. C'est ce qui prouve la supériorité de l'initiative des citoyens réunis en collectivités sur l'action de l'Etat, s'il était complètement collectiviste. (*Applaudissements.*)

Personne ne demande plus la parole ?

Nous passons à la 10° et 11° question :

DIXIÈME QUESTION

QUELLE EST LA CAUSE QUI INTERVIENT POUR FAVORISER LA VÉGÉTATION QUAND LES PLANTES SONT PLACÉES PRÈS DU VITRAGE ET DE L'INFLUENCE DE LA LUMIÈRE SOLAIRE ET LUNAIRE

ONZIÈME QUESTION

DU ROLE DE L'ÉLECTRICITÉ DANS LA VÉGÉTATION

La parole est à M. Chantin.

M. Chantin donne lecture d'un mémoire relatif au rôle de l'électricité dans la végétation. L'auteur a remarqué que, contrairement à l'opinion des botanistes et des physiciens, la lumière ne peut pas être l'unique cause de l'effet favorable à la végétation que l'on constate le long des vitrages; que, pour les plantes dites « molles », l'éloignement des vitres produit une succession d'effets défavorables, tandis que la proximité des mêmes vitres donne à la plante vigueur et santé. Ce phénomène est dû à ce fait que la masse d'air de la serre formant, au point de vue électrique, une atmosphère complète ayant sa partie basse électrisée négativement et sa partie supérieure électrisée positivement, l'électricité positive de la face intérieure du verre attire l'électricité négative de la face extérieure; ces deux électricités ne pouvant se combiner, il en résulte un condensateur. Les plantes se trouvant presque en contact avec le verre, il se produit entre elles et lui de légères, mais fréquentes décharges suffisantes pour déterminer des combinaisons favorables à la vie végétale; si ces mêmes plantes sont, au contraire, trop distantes du verre, les décharges électriques sont rares ou n'ont pas lieu; il y a seulement attraction, distension de tous les éléments dans le sens de la hauteur, élongation. L'auteur du mémoire estime que si les expériences auxquelles il se livre ou celles que pourraient inspirer ces remarques à des personnes ayant des loisirs et des ressources, venaient à démontrer l'exactitude de ses observations, de nombreuses pratiques horticoles, maraichères et agricoles se trouveraient expliquées et éclairées. (Applaudissements.)

M. le Président. — Je remercie M. Chantin de sa très savante et très intéressante communication. Je me permets d'ajouter à la liste des auteurs qu'il a cités comme s'étant occupés de cette question de l'influence de l'électricité sur les végétaux le nom d'un de nos amis, que je regrette de ne pas voir parmi nous, M. Fischer de Waldheim, le savant directeur du jardin botanique de Saint-Pétersbourg.

Tout à l'heure, à propos de l'influence des agents physiques et chimiques sur la végétation, M. de Herz me demandait si j'avais entendu parler des expériences faites en Scandinavie, relativement à l'influence que l'éther peut avoir sur la germination. On a, paraît-il, observé dans certains sols du Danemark, où l'on avait introduit une certaine quantité d'éther, une influence considérable sur la germination et la végétation.

M. Chantin. — Le frère Paulin, directeur de l'Institut agronomique de Beauvais, a fait de son côté des observations très intéressantes sur l'électricité atmosphérique.

M. le Présdent. — Notre collègue M. Chauré me fait observer que les membres du Congrès pourront se rendre compte des expériences relatives à l'influence de l'électricité dans la visite que nous devons faire lundi à l'école d'Horticulture de Versailles.

M. le Présdent. — Aucun mémoire n'ayant été déposé sur la 12ᵉ question, « Etude comparative des agents physiques et chimiques capables de hâter ou de retarder la germination, de la stratification » — nous passons à la 13ᵉ :

TREIZIÈME QUESTION

APPLICATION DU PRINCIPE DE SÉLECTION DES GRAINES A LA PRODUCTION ET A LA FIXATION DES VARIÉTÉS HORTICOLES NOUVELLES

Avant de donner la parole à M. Dallé, permettez-moi, Messieurs, de vous raconter une anecdote.

Au banquet d'inauguration de la statue du botaniste Duhamel du Monceau, un de mes compatriotes, Georges Ville, fut invité à porter un toast. Il parla tout naturellement de la sidération, qu'il appelait la conquête du soleil, de la végétation, et notamment de l'influence des engrais artificiels sur certaines espèces. Il dit au garçon qui se trouvait là : « Apportez le Topinambour. » On lui apporta une tige de Topinambour desséchée, haute comme ce crayon. « Voilà, dit-il, le Topinambour sans engrais. » Il dit ensuite : « Apportez l'autre Topinambour. » On apporta alors un Topinambour qui montait au plafond et gros comme une canne de tambour-major. « Voilà, dit-il, ce que produisent les engrais! » (Applaudissements.)

La parole est à M. Dallé.

M. Dallé présente à l'assemblée deux Palmiers et un spadice portant ses fruits.

M. Dallé. — Je demande au Congrès la permission de lui soumettre les remarques que j'ai faites en Algérie sur le mode de végétation des Palmiers. Tous les semeurs de Palmiers ont constaté dans leurs semis que sur cent plantes un tiers était un peu grêle, un autre tiers mieux constitué, qu'enfin le reste devenait excessivement fort avec, la deuxième et la troisième année, un commencement de tronc. Je fis part à M. Rivière de cette remarque sur le mode de végétation des Palmiers, et je lui demandai si cette différence n'avait pas pour cause la nature des graines recueillies, soit à la partie supérieure, soit à la partie inférieure des spadices (inflorescences), les dernières se trouvant moins bien constituées. Il me répondit que c'était, en effet, une chose très remarquable et qu'il avait déjà constatée.

M. LE PRÉSIDENT. — Pour quel Palmier?

M. DALLÉ. — Le *Cocos Datil*. La théorie est d'ailleurs applicable à tous les Palmiers, quelle qu'en soit l'espèce.

M. LE PRÉSIDENT. — Les deux Palmiers que vous nous présentez ont été semés à la même époque?

M. DALLÉ. — Oui, monsieur le Président, mais ils proviennent, l'un de graines recueillies dans la partie la plus faible, l'autre dans la partie la plus forte du spadice. Le procédé du pincement sur la tige serait difficile à appliquer avec nos graines d'importation, mais il serait très facile à employer dans le Midi, où l'on récolte une grande quantité de graines. Il donne des sujets beaucoup mieux constitués.

M. LE PRÉSIDENT. — Nous vous remercions de votre très intéressante communication ; mais, permettez-moi de vous dire que vos remarques sur une plante à la culture de laquelle vous vous livrez tout particulièrement et dont vous savez orner si gracieusement nos habitations s'appliquent à toutes les plantes. Si vous semez, par exemple, les grains de Blé recueillis à la naissance ou à la terminaison de l'épi, vous obtenez des sujets beaucoup moins hauts et grainant beaucoup moins que ceux qui proviennent de grains choisis au milieu du même épi : ce sont les grains du milieu qu'il faut prendre. Le major Hallet, M. Shireff, ainsi que le père de notre jeune collègue, Henri de Vilmorin, qui se sont livrés à de si belles études sur la sélection et l'hybridation du Blé, ont fait cette remarque que, lorsqu'on veut obtenir du Blé de première qualité, il faut couper le sommet et la base de l'épi, qu'on a choisi le plus gros, et prendre dans le milieu les grains les plus forts. La seconde année, on obtient des épis très beaux. Faites subir à l'épi déjà sélectionné que vous obtenez la même opération, et, par une série d'améliorations successives, vous obtenez du Blé dont les grains sont magnifiques et vous donnent de très gros rendements. C'est ainsi que procèdent les Chinois. Dans un livre très intéressant, M. Simon, consul de France en Chine, devenu presque auss Chinois que les Chinois au milieu desquels il avait vécu, décrit l'économie rurale de ce peuple, chez lequel le collectivisme familial est en honneur; toute la famille vit sur le coin de terre auquel elle est attachée et n'essaime que quand il n'est plus suffisant pour nourrir un plus grand nombre d'individus. Pour obtenir les riches récoltes qui leur sont nécessaires, ils procèdent par sélection, ce qui leur permet d'obtenir des rendements de Blé de 50 à 60 quintaux à l'hectare, ce qui est extraordinaire. Ils procèdent de la même façon pour la plupart des végétaux qu'ils cultivent, et de la sorte une quantité considérable d'individus peuvent vivre sur un très petit coin de terre.

Le problème que M. Dallé vient de soulever à l'occasion d'une plante ornementale a donc une importance sociale considérable. « Je ne connais pas la politique », me disait il y a quelque temps un agriculteur, « mais les hommes me paraissent se disputer beaucoup entre eux parce qu'ils veulent tous avoir du pain, du vin et de la viande. Tâchez d'augmenter la quantité du pain, du vin et de la viande, et tout le monde sera satisfait. »

Je crois, Messieurs, qu'il avait raison. Ceux qui s'occupent de ces questions de sélection, d'accroissement de la productivité du sol, font beaucoup plus, à mon avis, pour la pacification sociale, que ceux qui font dans les villes de belles théories sur l'amélioration de la condition humaine par la transformation de la société. (*Applaudissements.*)

M. Dallé présente au Congrès un autre spécimen de Palmier.

M. le Président. — Vous avez peut-être vu le Palmier de M. Thiers?

M. Dallé. — C'est un *Cocos campestris*.

M. le Président. — Son histoire est assez amusante. Lorsque la maison de la place Saint-Georges fut détruite, un des voisins de M. Thiers, sachant qu'il tenait beaucoup à quelques plantes, notamment à un petit Palmier, se chargea d'en prendre soin. Plus tard, M. Thiers le fit transporter à Versailles. M. Rivière étant allé le voir un jour qu'il était venu d'Algérie, il lui dit : « Voilà un pauvre Palmier auquel je tiens beaucoup ; il est en train de mourir. »

— Je vais l'emporter en Algérie, lui répondit M. Rivière, et je vous le renverrai lorsqu'il sera bien portant. M. Rivière emporta le Palmier, qu'il mit dans un coin du jardin public de Hamma. M. Thiers lui demanda plus tard des nouvelles de son pensionnaire ; il alla le voir : c'était un arbre d'une telle dimension qu'il était impossible de songer à le transporter et surtout à le mettre dans un appartement. Cela prouve que les plantes, comme les individus, se développent dans l'atmosphère qui leur convient. Lorsqu'un homme vit dans une atmosphère sociale qui le refroidit, ses qualités intellectuelles et physiques s'atrophient; dans le cas contraire, elles se développent et donnent tout leur effet utile. (*Applaudissements.*)

M. Wittmack. — J'ai remarqué dans la galerie des Machines, à l'exposition de l'Institut national agronomique de Paris, une très belle collection de graines de Froment et d'autres céréales. Dans l'Orge et dans le Seigle, c'est la partie moyenne de l'épi qui donne les plus belles graines; dans l'Avoine, au contraire, ce sont les pointes. Il faut d'ailleurs tenir compte du sujet qui porte la graine; il n'est pas nécessaire de choisir les plus grosses graines du plus gros individu; ce qu'il faut rechercher, c'est une bonne moyenne.

M. Philippe de Vilmorin. — Je regrette, Messieurs, que le temps ne m'ait pas permis de préparer un mémoire sur cette très intéressante question, et je vous prie de la renvoyer à l'ordre du jour de l'un de nos prochains congrès. Sans parler de ses applications sociales, dont M. le Président disait un mot tout à l'heure, je puis dire qu'au point de vue de la botanique elle touche à un point longtemps controversé, celui de l'unité de l'individu dans une plante. On a longtemps prétendu qu'une plante étant un individu, les graines produites par cet individu, qu'elles fussent récoltées au centre ou à l'extrémité des rameaux, devaient produire les mêmes résultats. Il semble aujourd'hui prouvé que cela n'est pas absolument vrai; cependant, il ne faudrait pas généraliser trop vite. En ce qui concerne, par exemple, le choix des graines de Giroflée, au point de vue de la duplicature des fleurs, on a prétendu que, suivant la place où ces graines seraient récoltées, on obtiendrait une plus ou moins grande proportion de doubles. J'ai toujours vu, quant à moi, les expériences de cette nature donner un résultat négatif et la proportion des doubles rester la même, que les graines eussent été récoltées sur un rameau latéral ou central.

En ce qui concerne l'Avoine, on a fait à Verrières une expérience dont le but était de vérifier si, comme on le disait, c'était une mauvaise chose de prendre le plus petit grain, — il y en a toujours deux ensemble, — et si le gros grain donnait de meilleurs résultats. On a fait un tri des deux grains et, sur des sols engraissés de la même manière, on a obtenu des résultats identiques.

En ce qui touche la question de sélection du Blé, mon père, qui s'en est occupé pendant de longues années, considérait la sélection brutale à l'épi comme tout à fait condamnable.

Le système qui consiste à passer dans un champ et à choisir les plus beaux épis ne donne pas, selon lui, de bons résultats. Il avait l'habitude, dans les champs d'expériences de Verrières, de choisir parmi les pieds qu'il avait arrachés non seulement ceux qui portaient les épis les plus gros, mais ceux qui portaient le plus grand nombre de grains. Lorsqu'on fait des expériences comme j'en ai fait moi-même, sur la grosseur des graines, le résultat logique est que les plus grosses graines donnent les plus grosses plantes. La réserve de matière nutritive étant plus considérable dans une grosse graine que dans une petite, il peut arriver que, les deux graines se trouvant d'ailleurs dans des conditions identiques, la plus grosse prenne l'avance; quelques jours de végétation peuvent produire une grande différence, mais il n'est pas dit que les graines récoltées sur les sujets produits par ces grosses graines donneront, elles aussi, de grosses graines ayant la faculté d'en produire à leur tour de semblables. La grosseur des graines n'offre pas, ordinairement, un caractère héréditaire, mais elle peut s'acquérir à la longue, et, dans toute espèce de semis, il y a certainement avantage à choisir les grosses graines, à séparer les bonnes des mauvaises et, parmi les bonnes, à choisir les meilleures. (*Applaudissements.*)

M. LE PRÉSIDENT. — M. Vilmorin demande que la question soit reportée à l'ordre du jour d'un de nos prochains congrès. M. le secrétaire général voudra bien prendre note de ce désir.

M. MUSSAT. — Je demande au Congrès la permission d'ajouter quelques mots à ce que vient de dire notre collègue M. de Vilmorin à propos du volume que les graines peuvent affecter. Je crois que la nature de l'inflorescence de la plante que l'on considère joue un rôle considérable, et les exemples qu'on a cités en seraient, à mon avis, la démonstration, s'il était besoin de la faire. Dans le spécimen d'inflorescence que nous a présenté M. Dallé, il s'agit d'une inflorescence indéfinie ou qui, théoriquement du moins, peut s'allonger indéfiniment. Ce sont — l'expérience l'a montré — les fruits ou les graines situés à la partie inférieure de l'inflorescence qui deviennent les plus volumineux ; ce sont les plus âgés. Dans une inflorescence définie, il en va presque toujours autrement. Lorsque, dans une inflorescence de cette sorte, l'axe principal se termine par une fleur unique et qu'au-dessous de cette fleur il naît des axes de générations successives, il est facile de constater que la grosseur des graines diminue à mesure qu'augmente le rang numérique de ces générations ; d'où cette conclusion que les graines sont d'autant plus volumineuses qu'elles procèdent de fruits nés les premiers. L'observation se trouve donc absolument d'accord avec la théorie.

Il y a d'ailleurs, Messieurs, une tendance contre laquelle je fais tous mes efforts pour réagir : c'est celle qu'ont certains esprits à établir une distinction entre ce qu'ils appellent la pratique et la théorie. J'estime que cette distinction n'est pas dans la nature des choses ; la pratique ne saurait être, à mon sens, autre chose que l'application de la théorie. Pour inconsciente qu'ait été souvent cette application, — et il ne pouvait en être autrement, — nous devons faire tous nos efforts pour que les cultivateurs, de même que tous les travailleurs du monde, arrivent à savoir pour ainsi dire à l'avance exactement ce qu'ils peuvent ou ne doivent pas espérer. La pratique n'est à mon sens, je le répète, que l'application de la théorie ; cette théorie, nous devons chercher à l'élargir le plus possible, afin d'éviter ce que j'appellerai des *tentatives de pêche à la ligne*, c'est-à-dire des marches à l'aveugle, sans connaître exactement le but où l'on va, ni surtout les moyens qui peuvent permettre de l'atteindre. (*Applaudissements.*)

M. le Président. — Nous accueillons avec d'autant plus de plaisir vos observations que nous connaissons votre dévouement à la science et que nous savons le nombre considérable de remarquables praticiens dont vous avez guidé les pas dans l'étude de l'agriculture et de la botanique.

Suivant le désir qu'en a manifesté notre collègue M. Ph. de Vilmorin, la question de la sélection des graines sera inscrite à l'ordre du jour de notre prochain Congrès.

La conclusion des observations que nous venons d'entendre est qu'il faut choisir parmi les individus qui, s'étant trouvés dans les mêmes conditions atmosphériques et telluriques, ont progressé de la même manière, les sujets les plus vigoureux et, parmi les graines, celles qui sont nées les premières, c'est-à-dire celles qui ont pris le plus de nourriture et de force. Ce sont là, comme le disait M. Mussat, des observations pratiques qui ne font que vérifier la vérité de la théorie.

M. Mussat. — J'ajoute qu'à mon avis, quand la pratique ne vérifie pas la théorie, cela prouve que la théorie est fausse.

M. le Président. — Nous passons à la 14e question : « Étude des procédés de culture applicables à l'établissement des pépinières horticoles suivant les pays. Leur entretien. »

— Personne ne demande la parole?...

La question est remise au prochain Congrès.

15e question : « Étude des parasites végétaux et animaux qui attaquent les pépinières. — Moyens d'en prévenir l'invasion ou de la combattre. »

— Personne ne demande la parole?...

La question est également ajournée au prochain Congrès.

Messieurs, notre ordre du jour est épuisé. Je tiens, avant de lever la séance, à remercier MM. les congressistes qui sont venus assister à nos intéressantes discussions et nous apporter, eux aussi, la bonne parole ; je remercie MM. les représentants de l'horticulture étrangère qui nous ont fait le très grand honneur de prendre part à nos travaux ; je remercie enfin M. le secrétaire général Bergman, qui s'est occupé de l'organisation de notre Congrès avec son activité habituelle, ainsi que MM. les membres du Bureau.

Il me reste un dernier devoir à remplir, celui de remercier la presse. Nos paroles ressemblent assez à la graine qu'on sème dans un terrain qui n'est pas suffisamment préparé : elles ne germent pas, elles ne produisent pas, elles ne se répandent pas sans le concours de la presse, ce quatrième État, dont la plume infatigable répand dans l'univers entier, à l'aide de l'immortel procédé de Gutenberg, quelquefois les mauvaises notions, mais plus souvent es bonnes. Dans toute institution humaine, le mal se trouve, Messieurs, à côté du bien ; quelquefois les deux principes s'équilibrent et se neutralisent ; dans la presse, j'en suis sûr, c'est le principe du bien qui l'emporte ; c'est elle qui nous aide dans la réalisation du but que nous poursuivons au point de vue du progrès et du développement de la sociabilité des hommes. (*Applaudissements.*)

M. DE HERZ. — Au nom des membres étrangers qui sont venus prendre part au Congrès, je remercie vivement nos collègues français de l'accueil si gracieux qu'ils ont bien voulu nous faire.

M. LE PRÉSIDENT. — Nous avons été très heureux de vous recevoir, et nous vous avons fait l'accueil que vous méritiez. Toutes les fois que vous nous ferez l'honneur de venir au milieu de nous, vous serez toujours traités en amis comme nous le sommes quand nous allons en Allemagne, en Belgique, en Russie, en Autriche, en Suisse ou partout ailleurs. Les sentiments de fraternité qui règnent entre les horticulteurs français se retrouvent toujours dans nos réunions internationales ; notre amour commun pour les plantes et les fleurs crée entre nous une solidarité qui ne saurait s'effacer de nos cœurs.

M. WITTMACK. — Nous avons oublié, je crois, une chose très importante : c'est de féliciter notre président de la bonne direction qu'il a su donner à nos travaux et de l'esprit humoristique dont il a si souvent fait preuve. (*Vive approbation.*)

M. LE PRÉSIDENT. — Je suis né sur les bords de la Loire, non loin du pays de Rabelais, et je me rappelle toujours ce que disait ce grand philosophe : « Mieux vault de ris que de larmes escrire, pour ce que rire est le propre de l'homme. » (*Très bien ! très bien !*)
Personne ne demande plus la parole ?... Je déclare le Congrès clos.

La séance est levée à six heures moins dix minutes.

RÉCEPTION DES CONGRESSISTES
PAR LA SOCIÉTÉ NATIONALE D'HORTICULTURE DE FRANCE

A l'occasion du Congrès, la Société nationale d'Horticulture avait organisé une soirée pour fêter en même temps l'inauguration de sa grande salle nouvellement transformée et décorée. Cette soirée, à laquelle avaient été invités, outre les membres de la Société et les congressites, les horticulteurs français et étrangers à Paris à cette époque, a eu lieu le samedi 26 mai à 9 heures du soir. Elle ne s'est terminée qu'à 2 heures du matin. Cette fête avait commencé par un concert qui fut des plus remarquables. L'orchestre était dirigé par M. Émile Bourgeois, de l'Opéra-Comique. L'assistance, très nombreuse, n'a pas ménagé ses applaudissements aux excellents artistes qui avaient bien voulu donner leur gracieux concours, entre autres Mmes Émile Bourgeois, Caroline Pierson et Lormont; Mlles Rolland, Delcourt, Martingay et Paulette d'Arty; MM. Viaud, Gérard, Vaunel, Caseneuve, Depas, etc.

Après le concert, les assistants ont été priés au buffet, où M. Viger, président de la Société, a porté de la façon charmante que nous lui connaissons deux toasts, l'un aux horticulteurs étrangers, l'autre aux artistes peintres, membres de la Société, qui ont contribué par leurs belles peintures à l'ornementation de la salle. M. de Herz, conseiller au ministère de l'Agriculture d'Autriche, a remercié, au nom de ses collègues étrangers, la Société d'Horticulture pour sa réception si cordiale. Parmi les personnes présentes, citons M., Mme et Mlle Viger, M. et Mme Dabat, M. Vassilière, M., Mme et Mlle Chatenay, la famille Truffaut, M. et Mme Bergman, la famille Lebœuf, M. Chauré, M. et Mme Martinet, M. et Mme Lackner, de Berlin, MM. de Herz et Abel, de Vienne, M. le Dr Wittmack, de Berlin, M. Cieskiewicz, de Varsovie, Denary d'Erfurt MM. Taylor, et Evans des États-Unis, MM. Jamin, Joly, la famille Defresne, etc.

EXCURSION A VERSAILLES

Sur l'invitation de la municipalité de Versailles et de la Société de Seine-et-Oise, les congressistes se sont rendus en grand nombre, plus d'une centaine, à Versailles, le lundi 28 mai. Dès 10 heures, ils commençaient la visite de l'École nationale d'Horticulture, sous la conduite de son savant directeur, M. Nanot, qui, en quelques mots, retraça l'historique de ce jardin célèbre.

Créé par la Quintinie, sous Louis XIV, le potager, commencé en 1678, fut terminé en 1683. L'emplacement occupé était auparavant un ancien marais qui fut comblé avec la terre provenant du creusement de la pièce d'eau des Suisses. Il est divisé en seize jardins ayant une superficie totale d'environ 10 hectares. La disposition générale des jardins comprend une série de carrés creux entourés de terrasses et de murs pour abriter les arbres et pour élever la température moyenne. L'exécution de ce travail coûta 1.200.000 livres dont 500.000 livres pour la maçonnerie seulement.

Après La Quintinie, mort en 1688, le potager fut confié aux Le Normand qui (pendant trois générations) dirigèrent les cultures jusqu'en 1782. Les Le Normand s'adonnèrent plus spécialement à la culture des primeurs; en 1732, ils construisirent la première serre dite hollandaise, chauffée à la fumée; selon toute vraisemblance ce fut pour y cultiver l'ananas, introduit d'Amérique en 1730.

Sous la Révolution, le potager faillit disparaître; il fut divisé en parcelles louées à des particuliers, sauf une pépinière nationale confiée au botaniste Antoine Richard.

Le comte Lelieur, qui dirigea les cultures de 1804 à 1819, restaura les jardins et replanta les arbres fruitiers. Ses successeurs, Massey, puis Hardy, à partir de 1849, continuèrent l'œuvre commencée, la développèrent et surtout la perfectionnèrent.

En 1873, l'Assemblée nationale créa au potager l'École nationale d'Horticulture actuelle. Jusqu'à la création de l'École, les produits des cultures servirent à alimenter la table du souverain ou du président de la République; depuis lors, ils sont vendus au profit de l'État.

L'École, organisée par M. Hardy, est dirigée depuis 1892 par M. Nanot, ingénieur agronome; l'enseignement théorique, comprenant toutes les branches de l'Horticulture, est donné par douze professeurs, et l'enseignement pratique par six chefs de cultures.

Toujours guidés par le directeur, on alla ensuite donner un coup d'œil à l'emballage des fruits destinés aux halles, puis on continua par une visite générale des ateliers, des serres, des jardins et des laboratoires, etc.

Un somptueux déjeuner réunissait ensuite aux Réservoirs les invités de la municipalité et de la Société d'Horticulture de Seine-et-Oise.

Au dessert, assaut d'éloquence entre MM. Lefèvre, maire de Versailles, M. Gauthier de Clagny, président de la Société d'Horticulture, Truffaut, le digne représentant d'une dynastie horticole, qui, tous, souhaitent la bienvenue aux congressistes. Puis, pour le bouquet, M. Viger, président du Congrès, remercie avec verve la municipalité et la Société de leur très gracieux accueil.

Après une visite au Palais et dans les jardins, les congressistes se sont répandus dans les établissements horticoles de Versailles, établissements dont bon nombre jouissent d'une réputation universelle, tels ceux de MM. Moser, Duval, Truffaut et autres.

VISITE AUX CULTURES
DE LA MAISON VILMORIN-ANDRIEUX ET Cⁱᵉ A VERRIÈRES

Favorisés par un temps splendide, une centaine de congressistes firent l'excursion de Verrières, le mardi 29 mai.

Reçus à la gare de Massy-Palaiseau par M. Philippe de Vilmorin, secondé par son oncle, M. Maurice de Vilmorin, les visiteurs sont conduits dans les cultures qui avoisinent la gare et dans les dépendances, puis, montant en voiture, se rendent à Verrières où il leur fut donné d'examiner à loisir toutes les cultures, collections, laboratoires, musées, la ferme, le parc, qui renferme quelques conifères très remarquables, la collection de plantes alpines, etc.

Enfin, vers 4 h. 1/2, les congressistes étant rassemblés autour du buffet. L'infatigable M. Viger, qui a été de toutes les excursions et a payé de sa personne, remercie la famille de Vilmorin de son accueil. Il rappelle en termes émus la haute personnalité de M. Henry de Vilmorin, enlevé si prématurément à la science horticole.

M. Philippe de Vilmorin remercie à son tour M. Viger de l'éloge qu'il vient de faire de son père et dit qu'il fera son possible pour marcher, avec l'appui de la Société nationale d'Horticulture, sur les traces qui lui ont été laissées par son père.

VISITE DE LA CHAMPIGNONNIÈRE DE M. LÉCAILLON

Répondant à l'invitation qui leur avait été faite, une cinquantaine de membres du Congrès horticole, parmi lesquels se trouvaient plusieurs représentants de l'Horticulture étrangère, notamment MM. Dunlap et Wittmack, se sont réunis le 1ᵉʳ juin pour visiter les cultures de Champignons de M. Lécaillon, route de Châtillon, à Montrouge (Seine).

La visite était dirigée par M. Maxime Cornu, professeur au Muséum, accompagné de M. Lécaillon, qui a donné les plus intéressants renseignements aux congressistes.

En parcourant pendant deux heures les longues galeries souterraines de l'ancienne carrière d'où l'on extrayait du calcaire grossier pour la construction des maisons de Paris, il leur a été permis de voir et d'étudier les diverses phases de la culture du Champignon, qui exige les soins les plus attentifs et les plus délicats.

Ils ont pu admirer, dans ces galeries, qui, pour la circonstance, étaient éclairées à l'acétylène, des couches en formation, d'autres complètement achevées, et un grand nombre en pleine production.

La visite étant terminée, M. Lécaillon réunit les congressistes dans une vaste galerie où un lunch était servi. M. le docteur Wittmack prit la parole pour adresser de vifs remerciements à M. Lécaillon et aux organisateurs de cette intéressante excursion. M. Maxime Cornu porta un toast aux champignonnistes français, dont l'habileté n'est égalée dans aucune partie du monde.

Avant de se séparer, les visiteurs se rendirent chez M. J. Haigé, maraîcher, rue d'Arcueil, 6, à Malakoff, où MM. Duvillard et Laurent, du Syndicat des maraîchers parisiens, leur firent une véritable conférence sur la culture des plantes potagères, qui a atteint un si haut degré de perfection dans la région parisienne.

COMMISSION D'ORGANISATION

Président.

M. Viger (A.), député, ancien ministre, président de la Société nationale d'Horticulture de France, du groupe VIII, etc., rue des Saints-Pères, 55, Paris.

Vice-Présidents.

MM. Mussat (Émile), président du Comité de la classe 48, vice-président de la Société nationale d'Horticulture de France, professeur de botanique à l'École d'Horticulture de Versailles, boulevard Saint-Germain, 11, Paris.

Truffaut (Albert), vice-président du Comité de la classe 47, président de l'Union commerciale des horticulteurs et marchands grainiers de France, vice-président de la Société nationale d'Horticulture de France, rue des Chantiers, 40, Versailles (Seine-et-Oise).

Secrétaire général.

M. Bergman (Ernest), secrétaire général adjoint de la Société nationale d'Horticulture de France, secrétaire du Comité de la classe 47, secrétaire des congrès de la Société nationale d'Horticulture de France, 40, avenue de la Grande-Armée, Paris

Secrétaire

M. Chauré (Lucien), rapporteur du Comité de la classe 43, vice-président de la Société de Topographie de France, directeur du *Moniteur d'Horticulture*, rue de Sèvres, 14, Paris.

Trésorier.

M. Lebœuf (Paul), trésorier du Comité de la classe 43, trésorier de la Société nationale d'Horticulture de France, rue des Meuniers, 14, Paris.

Membres.

MM.

ANDRÉ (Édouard), membre du Comité de la classe 43, membre de la Société nationale d'Agriculture de France, professeur à l'École d'Horticulture de Versailles, directeur de la *Revue horticole*, rue Chaptal, 30, Paris.

BALTET (Charles), président du Comité de la classe 45, président de la Société horticole vigneronne et forestière de l'Aube, faubourg Croncels, 26, Troyes (Aube).

BERGEROT (Gustave), vice-président du Comité de la classe 43, boulevard de la Villette, 43, Paris.

BOIS (D.), secrétaire-rédacteur de la Société nationale d'Horticulture de France, rue Faidherbe, 15, Saint-Mandé (Seine).

BORNET (Dr Édouard), membre de l'Institut, de la Société nationale d'Agriculture de France et du Comité de la classe 43, quai de la Tournelle, 27, Paris.

BOUCHER (Georges), membre du Comité de la classe 45, avenue d'Italie, 164, Paris.

CHANTIN (Auguste), trésorier du Comité de la classe 47, rue de l'amiral-Mouchez, 83, Paris.

CHATENAY (Abel), secrétaire du groupe VIII (Horticulture), secrétaire du Comité de la classe 43, secrétaire général de la Société nationale d'Horticulture de France, rue Saint-Aubin, 1, Vitry (Seine).

COCHET (Pierre), membre du Comité de la classe 46, directeur du *Journal des Roses*, à Grisy-Suisnes (Seine-et-Marne).

CURÉ (Jules), membre du Comité de la classe 44, route de Châtillon, 72, Malakoff (Seine).

DECAIX-MATIFAS (Alphonse), membre du Comité de la classe 44, président de la Société d'Horticulture de la Somme, rue Debray, 13, Amiens (Somme).

DOIN (Octave), président du Comité de la classe 47. boulevard Saint-Germain, 199, Paris.

FÉRARD (Louis), membre du Comité de la classe 46, rue de l'Arcade, 15, Paris.

FORESTIER (Jean), membre du Comité de la classe 43, conservateur du bois de Boulogne, Abbaye de Longchamps, par Neuilly (Seine).

JAMIN (Ferdinand), membre du Comité de la classe 45, vice-président de la Société nationale d'Horticulture de France, Bourg-la-Reine (Seine).

LEFEBVRE (Georges), membre du Comité de la classe 46, conservateur du bois de Vincennes, route de Saint-Mandé 74, Saint-Maurice (Seine).

LÉVÊQUE (Louis), président du Comité de la classe 46, rue du Liégat, 69, Ivry (Seine).

MARCEL (Cyprien), trésorier-adjoint de la Société nationale d'Horticulture de France, rue Spontini, 30, Paris.

MARTINET (Henri), rapporteur de la classe 46, architecte de la classe 47, directeur du journal *Le Jardin*, boulevard Saint-Germain, 167, Paris.

4

MM.

MOSER (Jean), membre du Comité de la classe 46, rue Saint-Symphorien, 1, Versailles (Seine-et-Oise).

NANOT (Jules), membre du Comité de la classe 45, directeur de l'École d'Horticulture de Versailles, rue du Potager, 4, Versailles (Seine-et-Oise).

NIOLET (Jean-François), président du Comité de la classe 44, rue d'Alleray, 50, Paris.

SALLIER (Johanni), secrétaire du Comité de la classe 46, rue Delaizement, 9, Neuilly (Seine).

THIÉBAUT (Pierre), membre du Comité de la classe 48, avenue de la Grande-Armée, 10 *bis*. Paris.

VILMORIN (Maurice DE), rapporteur de la classe 48, quai d'Orsay, 13, Paris.

PROGRAMME

1° Des progrès réalisés et à réaliser dans le chauffage des serres.

2° De la création des jardins publics sous les diverses latitudes du Globe.

3° Ornementation des squares et promenades publiques des grandes villes, utilité de l'étiquetage des arbustes, arbres et fleurs qui entrent dans leur composition.

4° Les causes de la maladie des Clématites, son traitement.

5° L'art du fleuriste-décorateur, son développement, ses progrès, son utilité et la place qu'il tient dans l'horticulture, sa consommation des produits horticoles.

6° Moyens de prévenir ou de guérir les maladies des cultures maraîchères, telles que : meunier des Laitues et Romaines forcées ; nuile des Melons ; grise et rouille du Céleri ; maladie des Tomates.

7° Y aurait-il avantage pour la culture maraîchère à chauffer au thermosiphon ?

8° Manière d'employer et de composer les engrais chimiques pour les différentes cultures maraîchères.

9° Quelle a été le rôle de la fécondation artificielle dans l'horticulture ?

10° Quelle est la cause qui intervient pour favoriser la végétation quand les plantes sont placées près du vitrage, et de l'influence de la lumière solaire et lunaire ?

11° Du rôle de l'électricité dans la végétation.

12° Étude comparative des agents physiques et chimiques capables de hâter ou de retarder la germination. — De la stratification.

13° Application du principe de sélection des graines à la production et à la fixation de variétés horticoles nouvelles.

14° Étude comparative des procédés de culture applicables à l'établissement des pépinières horticoles suivant les pays. — Leur entretien.

15° Étude des parasites végétaux et animaux qui attaquent les plantes des pépinières. — Moyens d'en prévenir l'invasion ou de la combattre.

RÈGLEMENT

ARTICLE PREMIER.

Conformément à l'arrêté ministériel en date du 11 juin 1898, il est institué à Paris, au cours de l'Exposition universelle de 1900, un Congrès internationa d'Horticulture.

ART. 2.

Ce Congrès se tiendra pendant la durée du concours temporaire du 22 mai. Les séances auront lieu, à 3 heures de l'après-midi, au palais des Congrès, les vendredi 25 et samedi 26 mai 1900.

ART. 3.

Toute personne française ou étrangère qui voudra faire partie du Congrès d'Horticulture devra renvoyer le plus tôt possible, sous enveloppe affranchie, au Secrétaire général de la Commission d'organisation, rue de Grenelle, 84, Paris, le bulletin ci-inclus.

Le montant de la cotisation est fixé à 5 francs par adhérent ou adhérente.

Pour les Sociétés ou Syndicats, cette cotisation ne peut être inférieure à 25 francs : elle sera applicable aux deux Congrès réunis : *Horticulture*, en mai, et *Arboriculture*, en septembre.

ART. 4.

Chaque adhérent ou adhérente ayant acquitté sa cotisation recevra toutes les publications ainsi qu'une carte lui donnant droit d'assister aux différentes réunions du Congrès d'Horticulture.

Chaque Société ou Syndicat ayant souscrit aura droit à deux cartes pour ses délégués à chacun des deux Congrès, ainsi qu'aux publications.

Toutes ces cartes seront personnelles et donneront le droit d'entrée gratuite à l'Exposition universelle pendant la durée du Congrès.

ART. 5.

Les travaux du Congrès sont préparés par la Commission d'organisation nommée par arrêté du Commissaire général en date du 18 mars 1899.

— 53 —

Art. 6.

Le bureau de la Commission d'organisation restera le bureau définitif du Congrès; à la première séance, il lui sera adjoint, par élection, de nouveaux membres : présidents d'honneur, vice-présidents et secrétaires.

Art. 7.

Les orateurs ne pourront occuper la tribune pendant plus de quinze minutes. Ils devront, dans les vingt-quatre heures qui suivront, remettre au Secrétaire général un résumé de leur communication, pour la rédaction des procès-verbaux.

Art. 8.

Les mémoires préliminaires présentés sur les questions au programme pourront être imprimés d'avance par les soins de la Commission. Ils devront être envoyés au Secrétaire général de la Commission, rue de Grenelle, 84, Paris, au plus tard le 15 mars 1900.

Art. 9.

Les travaux destinés à l'impression devront être écrits en langue française, très lisiblement, sur un seul côté du papier. Il ne devront pas dépasser une feuille d'impression, soit 16 pages in-octavo.

Art. 10.

Les discussions aux séances ne pourront avoir lieu qu'en français, allemand ou anglais.

Art. 11.

Les procès-verbaux sommaires seront imprimés et distribués aux membres du Congrès le plus tôt possible après la session.

Art. 12.

Un compte rendu *in extenso* des travaux et des séances du Congrès pourra être imprimé par les soins de la Commission d'organisation, si elle le juge utile.

Art. 13.

Des excursions et conférences horticoles pourront être organisées.

Art. 14.

Le bureau du Congrès statuera en dernier ressort sur tout incident non prévu par le règlement.

DÉLÉGUÉS OFFICIELS

Ministère de l'Agriculture de France.

MM. MARTINET, architecte paysagiste ;
NANOT , directeur de l'École nationale d'Horticulture de Versailles.

Ministère Royal Hongrois d'Agriculture.

MM. DÉSIRÉ D'ANGYAL, directeur de l'École Royale d'Horticulture à Buda-
Pesth, I. Ménesi-utcza, 45 ;
JOSEPH DE KAZY, conseiller de section au Ministère de l'Agriculture, ave-
nue Rapp, 23.

États-Unis.

MM. WILLIAM A. TAYLOR, secrétaire Americ. Pomol. Society ;
WALTER H. EVANS ;
DUNLAP (H. N.), président Pomol. Society of Illinois ;
CARLÉTON (M. A.), botaniste ;
NIEDERLEIN (Gustave), chief scientific dep. Phil. Comm. Museum ;
FRANCIS (F. M.).

Gouvernement du Japon.

M. FOUKOUBA, maître des Cérémonies, directeur du Jardin Impérial, commissaire du Japon, rue de la Pompe, 129, Passy.

SOCIÉTÉS ADHÉRENTES

ET LEURS DÉLÉGUÉS

Société nationale d'Horticulture de France, rue de Grenelle, 84, Paris :
MM. CHATENAY et BOIS.
Société des Agriculteurs de France, 8 rue d'Athènes, Paris :
MM. VILMORIN (Maurice de) et BERGMAN.
Amicale Horticole de Saint-Maur-les-Fossés (Seine), à la Mairie, Saint-Maur,
(Seine) :
MM. MAUPIN et CONFLANS.
Société d'Horticulture de Compiègne, à Compiègne (Oise) :
MM.
Société d'Horticulture et d'Arboriculture des Deux-Sèvres à Niort :
MM. POMMIER et GRIZEAU.
Société d'Horticulture de Douai, à Douai (Nord) :
MM. SOLAND (E.) et MARC (P.).
Société d'Horticulture et de Viticulture à Epernay :
MM. DAUVISSAT et CHARPENTIER.
Société d'Horticulture de la Haute-Garonne, rue Saint-Antoine-du-T, 20,
Toulouse :
MM. CLOS (Dr) et DARQUIER.
Association Haut-Marnaise d'Horticulture, de Viticulture et de Sylviculture,
à Langres :
MM. CONFÉVRON (de) et GEORGES.
Société horticole, viticole, forestière et apicole de la Haute-Marne, à Chau-
mont :
MM.
Société d'Horticulture et de Botanique de l'arrondissement du Havre, à
l'Hôtel de ville, le Havre :
MM. CABOS (J. D.) et VARLAN (Edouard).
Société d'Horticulture et d'Agriculture d'Hyères, avenue du Bon-Puits, 28,
Hyères (Var) :
MM. VILLARD et ROUGET.
Société Royale Linnéenne de Bruxelles, rue Van Schoor, 41, Bruxelles :
MM. MIDDELEER (de) et VERNIEUWE.
Société d'Agriculture, Industrie, Sciences, Arts et Belles-Lettres de la Loire
(Saint-Étienne) :
MM.

Société horticole du Loiret, à Orléans :
MM.
Association horticole lyonnaise, à Lyon :
M. Lavenir.
Société nantaise d'Horticulture à Nantes :
MM. Fredel et Furet.
Société d'Horticulture de Neuilly, à l'Hôtel de ville (Neuilly-sur-Seine) :
MM. Rousseau et Bleuet.
Société d'Horticulture de Nogent, à Nogent-sur-Seine (Aube) :
MM. Fraye (Henri) et Valade-Rousseau (Paul).
Syndicat des Maraîchers de la Région parisienne, rue de Grenelle, 84, Paris :
MM. Duvillard et Gagneau.
Société horticole, viticole et maraîchère de l'arrondissement de Provins, à
Provins (Seine-et-Marne) :
MM. Quetelard et Noriot.
Société d'Horticulture de Picardie, à Amiens (Somme) :
MM. Decaix-Matifas et Raquet.
Association de Saint-Fiacre, rue de la Montagne-Sainte-Geneviève, 34, Paris :
MM. Tuleu et Péan.
Chambre syndicale des Cultivateurs du département de la Seine, rue de
l'Église, 9, Montreuil-sous-Bois (Seine) :
MM. Bertaut (Ad.) et Espaulard (Narcisse).
Société d'Horticulture de Seine-et-Oise, Versailles :
MM. Bellair et G. Truffaut.
Société d'Horticulture de Soissons, Soissons :
MM. Deviolaine (Émile) et Grosdemange.
Société d'Horticulture de la Meuse, à Verdun :
MM. Japiot et Boutte.
Société d'Horticulture de Vitry, à Vitry-sur-Seine :
M. Plique.
Société horticole, vigneronne et forestière de l'Aube, à Troyes (Aube) :
MM.
Union horticole et viticole de Villefranche (Rhône) et du Beaujolais à Ville-
franche :
MM.
Société Impériale et Royale d'Horticulture d'Autriche, Parkring, 12, Vienne :
MM. Abel (Friedr.).
Société d'Horticulture de Varsovie, Bagatela, 3, Varsovie :
M. Cieskiewicz.
Société Régionale d'Horticulture de Montreuil, à Montreuil-les-Pêches (Seine) :
MM. Cornu et Vassout.
Chambre de Commerce de Paris, place de la Bourse, 2, Paris.
MM.

LISTE GÉNÉRALE DES ADHÉRENTS

MM.

ABEL (Friedrich), délégué et secrétaire de la Société Impériale et Royale d'Horticulture d'Autriche, Parkring, 12, Vienne.

ANDRÉ (Edouard), directeur de la *Revue horticole*, membre de la Société nationale d'Agriculture, rue Chaptal, 30, Paris.

ANGYAL (Désiré d'), délégué du Ministère de l'Agriculture hongrois, directeur de l'École d'Horticulture, I. Ménesi-utcza, 45, Buda-Pesth.

AUSSEUR-SERTIER, ancien pépiniériste, Lieusaint (Seine-et-Marne).

BALTET (Charles), président du Congrès d'Arboriculture et de Pomologie, président de la classe 45, faubourg de Croncels, Troyes (Aube).

BAUDRIER, propriétaire, boulevard Malesherbes, 64, Paris.

BECQUERELLE, rue de Fontenay, 47, Montrouge (Seine).

BELLAIR, délégué de la Société d'Horticulture de Seine-et-Oise, jardinier chef des jardins de Versailles (Seine-et-Oise).

BELLOT, propriétaire, rue Saint-Ferdinand, Paris.

BÉNARY (Fr.), marchand-grainier, Erfurt (Allemagne).

BERGE (René), propriétaire, rue Pierre-Charron, 12, Paris.

BERGEROT (Gustave), constructeur de serres, vice-président de la classe 43, boulevard de la Villette, 76, Paris.

BERGMAN (Ernest), délégué de la Société des agriculteurs de France, secrétaire général adjoint de la Société nationale d'Horticulture de France, secrétaire de la classe 47, 40, avenue de la Grande-Armée, Paris.

BERTAUT (Ad.), délégué de la Chambre syndicale des cultivateurs du département de la Seine, rue de Paris, 11, Rosny-sous-Bois (Seine).

BLAIZOT (Paul), président de la Société d'Horticulture de Nogent-sur-Seine (Aube).

BLEUET, délégué de la Société d'Horticulture de Neuilly-sur-Seine, avenue du Roule, Neuilly-sur-Seine.

BOIS (D.), délégué et secrétaire-rédacteur de la Société nationale d'Horticulture de France, rue Faidherbe, 15, Saint-Mandé (Seine).

BORNET, docteur, membre de l'Institut, quai de la Tournelle, 27, Paris.

BOUCHER, pépiniériste, trésorier du Congrès d'Arboriculture et de Pomologie, avenue d'Italie, 164, Paris.

BOUTTE, délégué de la Société d'Horticulture de la Meuse, viticulteur à Thillot (Meuse).

MM.

Bruant, horticulteur, boulevard du Pont-Neuf, à Poitiers (Vienne).

Brunet, jardinier-chef de la ville de Troyes (Aube).

Buchner (Michel), horticulteur, président de la Société d'Horticulture de Munich, rue Thérèse, 92, Munich (Bavière).

Burvenich (Fréd.) père, professeur à l'École d'Horticulture de l'État, à Gand (Belgique).

Cabos (J.-D), délégué de la Société d'Horticulture et de Botanique du Havre jardinier-chef de la Ville, Hôtel de ville, Le Havre.

Canard (Pierre), maraîcher, route de Châtillon, 73, Montrouge (Seine).

Carleton (M.-A.), délégué du gouvernement des États-Unis, avenue Rapp, 20, Paris.

Chaize (Charles), publiciste, agronome, viticulteur, Villeret, près Roanne (Loire).

Chantin (Auguste), horticulteur, trésorier de la classe 47, rue Amiral-Mouchez, 83, Paris.

Chappellier (Paul), propriétaire, faubourg Poissonnière, 46, Paris.

Charbonnel, délégué de l'Union horticole de Villefranche et du Beaujolais, jardinier-chef au château de Cruise, Theize (Rhône).

Charpentier (Auguste), délégué de la Société d'Horticulture d'Épernay, jardinier-chef chez M. Henri Gallice, rue du Port, Épernay.

Chatenay (Abel), délégué et secrétaire général de la Société nationale d'Horticulture de France, secrétaire du groupe VIII et de la classe 43, rue Saint-Aubin, Vitry (Seine).

Chauré (Lucien), directeur du *Moniteur d'Horticulture*, rapporteur de la classe 43, rue de Sèvres, 14, Paris.

Ciszkiewicz (Édouard), délégué et secrétaire général de la Société d'Horticulture de Varsovie, Jardin de Saxe, Varsovie, Russie.

Claisse (Dr), rue Boileau, 38, Paris.

Clos (Dr Élie), délégué de la Société d'Horticulture de la Haute-Garonne, Grand-Rond, 8, Toulouse.

Closon (Jules), horticulteur, rue de Joie, 74, Liège (Belgique).

Cochet (Pierre), horticulteur-rosiériste, directeur du *Journal des Roses*, Grisy-Suisnes (Seine-et-Marne).

Coffigniez, jardinier-chef aux fondations Brignole-Galliera, Fleury-Meudon (Seine-et-Oise).

Compoint (Mme), propriétaire, rue du Landy, 33, Saint-Ouen (Seine).

Compoint (Guillaume), asparagiculteur, rue du Landy, 33, Saint-Ouen (Seine).

Conard (Auguste), jardinier-maraîcher, rue de Fontenay, 37, Grand-Montrouge (Seine).

Confévron (de), délégué de l'Association haut-marnaise d'Horticulture, propriétaire à Flagey, par Longeau (Haute-Marne).

MM.

Conflans, délégué de l'Amicale horticole de Saint-Maur, jardinier, boulevard de la Marne, 62, La Varenne-Saint-Hilaire (Seine).

Cordonnier (Anatole), primeuriste, secrétaire du Syndicat des horticulteurs et pépiniéristes du nord de la France, à Bailleul (Nord).

Cornu (Maxime), membre de la Société nationale d'agriculture, professeur-administrateur du Muséum, rue Cuvier, 27, Paris.

Cornu (Joseph), délégué de la Société d'Horticulture de Montreuil, boulevard de l'Hôtel-de-Ville, à Montreuil-sous-Bois (Seine).

Coudry, directeur du Refuge du Plessis-Piquet (Seine).

Coulombier père, pépiniériste, vice-président de l'Union commerciale des horticulteurs et marchands-grainiers, rue des Prêtres, 1, Vitry (Seine).

Croux (Gustave), pépiniériste, Le Val d'Aulnay, Châtenay (Seine).

Crouzet, pépiniériste, Mouy-de-l'Oise (Oise).

Curé (Jules), secrétaire du Syndicat des maraîchers de la région parisienne, route de Châtillon, 72, Malakoff (Seine).

Dallé (Louis), horticulteur-fleuriste, rue Pierre-Charron, 29, Paris.

Darbour, pépiniériste, à Sedan (Ardennes).

Darquier, délégué de la Société d'Horticulture de la Haute-Garonne, directeur des manufactures de l'État, rue Sainte-Anne, 8, Toulouse.

Dauvissat (Paul), délégué et secrétaire général de la Société d'Horticulture d'Épernay, rue du Pont, 8, Épernay.

Debrie (Gabriel) (Maison-Lachaume), fleuriste, rue Royale, 10, Paris.

Decaix-Matifas, délégué et président de la Société d'Horticulture de Picardie, rue Debray, 13, Amiens.

Defresne (Honoré) père, président de la Société d'Horticulture de Vitry, rue Eugène-Pelletan, Vitry-sur-Seine.

Delacour (Mme), propriétaire, rue de la Faisanderie, 70, Paris.

Delahaye, marchand-grainier, quai de la Mégisserie, 8, Paris.

Delamarre (Eugène), secrétaire honoraire de la Société nationale d'Horticulture de France, Coulommiers (Seine-et-Marne).

Delarue, Saint-Rémy-les-Chevreuse (Seine-et-Oise).

Delavier (Eugène), président du Syndicat des horticulteurs, vice-président de la Société nationale d'Horticulture de France, rue de la Condamine, 66, Paris.

Delrue (Paul), secrétaire-adjoint de la Société d'Agriculture et d'Horticulture de Tournai (Belgique).

Descours-Desacres (Alexandre), président de la Société d'Horticulture et de Botanique du centre de la Normandie, château d'Ouilly-le-Vicomte, Lisieux.

Deviolaine (Émile), délégué et président de la Société d'Horticulture de Soissons, Soissons.

Doin (Octave), président de la classe 47, boulevard Saint-Germain, 199, Paris.

MM.

DRIGER, jardinier, rue du Monastère, 1, Ville-d'Avray (Seine-et-Oise).

DUMUR (Antoine), rue Joly, 11, Saint-Mandé (Seine).

DUNLAP (H.-N.), délégué du gouvernement des États-Unis, président de la Société Pomologique de l'Illinois, avenue Rapp, 20, Paris.

DUVAL-HUGÉ, horticulteur-pépiniériste, à Hardricourt, par Meulan (Seine-et-Oise).

DUVILLARD, délégué et président du Syndicat des Maraîchers de la région parisienne, rue de l'Abreuvoir, Arcueil (Seine).

ENFER (Victor), jardinier-chef au domaine de Ponchartrain (Seine-et-Oise).

ESPAULARD (Narcisse), délégué de la Chambre syndicale des cultivateurs du département de la Seine, rue Damas, 35, Noisy-le-Sec (Seine).

EVANS (Walter H.), délégué du gouvernement des États-Unis, avenue Rapp, 20, Paris.

FATZER, directeur technique des Forceries de l'Aisne, à Quessy, par Tergnier (Aisne).

FÉRARD (L.), marchand-grainier, rue de l'Arcade, 15, Paris.

FIRMIN-DIDOT (Georges), vice-président de la Société d'Horticulture de Mantes, rue des Saints-Pères, 56, Paris.

FORESTIER (J.), conservateur du bois de Boulogne, Abbaye de Longchamps, par Neuilly-sur-Seine.

FOUKOUBA (Hayato), délégué du gouvernement japonais, directeur des Jardins impériaux, rue de la Pompe, 129, Paris,

FRAYE (Henri), délégué de la Société d'Horticulture de Nogent-sur-Seine, jardinier-chef au château de Pont-sur-Seine (Aube).

FRANCIS (F.-M.), délégué du gouvernement des États-Unis, avenue Rapp, 20, Paris.

FRÉDET (Clément), délégué et président de la Société Nantaise d'Horticulture, rue Lafayette, 3, Nantes.

FURET, délégué de la Société Nantaise d'Horticulture, rue Lafayette, 3, Nantes.

FAGNEAU, délégué du Syndicat des Maraîchers de la région parisienne, rue des Marais, 7, Bobigny (Seine).

GALPIN (G.), député, rue de la Boëtie, 61, Paris.

GARRIC, à Aussillon, par Mazamet (Tarn).

GAUCHER (Tony), rue Singer, 29, Paris.

GAUTIER (H.), pépiniériste, rue Saint-Aubin, 12 ter (Vitry-sur-Seine).

GEORGE, capitaine, délégué de l'Association Haut-Marnaise d'Horticulture, à Langres.

GÉRARD (René), président de la Société d'Horticulture du Rhône, professeur à l'Université de Lyon, avenue de Noailles, 67, Lyon.

GILSON (Henry), docteur, rue Rempart-du-Midi, 10, Angoulême (Charente).

GILSON (Mme), rue Rempart-du-Midi, 10, Angoulême (Charente).

GRAVEREAUX (Jules), propriétaire, avenue de Villars, 4 Paris.

MM.

GRAVEREAU, horticulteur-grainier, Neauphle-le-Château (Seine-et-Oise).

GRIGNAN (Georges), publiciste horticole, avenue du Moulin, 3, La Varenne-Saint-Hilaire (Seine).

GRIMM (Henri), délégué de la Ville de Dijon, jardinier-chef au Jardin Botanique, Dijon.

GRIZEAU, délégué de la Société d'Horticulture des Deux-Sèvres, horticulteur-fleuriste, rue de l'Espingole, Niort.

GROSDEMANGE, délégué et professeur de la Société d'Horticulture de Soissons (Aisne).

GUÉRIN (Ant.), rue Saint-Marceau, 127, Orléans.

GUÉRIN (V.), rue Saint-Marceau, 127, Orléans.

GUION (Auguste), ingénieur, avenue Ledru-Rollin, 34, Paris.

HÉBRARD (Laurent), président de la Société d'Horticulture de Vincennes, rue de Wattignies, 73, Paris.

HÉMAR, avenue de Paris, 76, Plaine-Saint-Denis (Seine).

HENNO (Louis), trésorier de la Société Royale d'Agriculture et d'Horticulture de Tournai, rue du Bourdon-Saint-Jacques, 11, Tournai, Belgique.

HERZ (Dr Léo, chevalier de), chef de section au Ministère de l'Agriculture d'Autriche, IX, Schwarzspanierstrasse, 9, Vienne.

HUGUIER (J.-A.), vice-président, de la Société Horticole de l'Aube, boulevard Victor-Hugo, 18, Troyes.

JAMIN (Ferdinand), vice-président honoraire de la Société nationale d'Horticulture de France, Bourg-la-Reine (Seine).

JAPIOT, délégué et président de la Société d'Horticulture de la Meuse, Verdun.

JARLES (D.), primeuriste, Méry-sur-Oise (Seine-et-Oise).

JULIEN, maître de conférences à l'École nationale d'Agriculture de Grignon (Seine-et-Oise).

JULLIEN, rue du Jura, 14, Paris.

KAZY (Joseph de), délégué du Ministère de l'Agriculture hongrois, conseiller ministériel, Buda-Pesth.

KROUPENSKY, propriétaire (Russie).

LACKNER, horticulteur, président de la Société d'Horticulture de Prusse, Berlin.

LACKNER (Mme), Berlin.

LAURENT (Émile), professeur à l'Institut agricole de l'État, Gembloux (Belgique).

LAURENT (Narcisse), maraîcher, rue de Lourmel, 202, Paris.

LAUCHE, directeur des jardins d'Eisgrub, près Vienne.

LAVENIR (Cl.), délégué de l'Association horticole lyonnaise, chef de cultures chez M. F. Morel, rue du Souvenir, 33, Lyon.

LEBACQZ (Ch.), propriétaire, place Verte, 11, Valenciennes.

LEBŒUF (Paul), trésorier de la Société nationale d'Horticulture de France et de la classe 43, rue des Meuniers, 14, Paris.

MM.

Lefebvre (Georges), conservateur du bois de Vincennes, route de Saint-Mandé, 74, Saint-Maurice (Seine).

Lemée (E.), horticulteur-paysagiste, rue des Taillis, 5, Alençon (Orne).

Leroy (Louis-Anatole), pépiniériste, Angers (Maine-et-Loire).

Lévêque (Louis), horticulteur-rosiériste, président de la classe 46, rue du Liégat, 69 (Ivry-sur-Seine).

Lionetti (Giovanni), directeur du journal l'*Eco meridionale*, via Costantinopoli, Naples.

Loiseau (Léon), président de la Société d'Horticulture de Montreuil, rue de Vincennes, 9, Montreuil-sous-Bois (Seine).

Madaré (Edmond), propriétaire, Pont-de-Briques (Pas-de-Calais).

Magnien (A.), jardinier-chef à l'École nationale d'Agriculture de Grignon (Seine-et-Oise).

Maloir (L.), château de Croze, par Vitrolles (Bouches-du-Rhône).

Mantin, propriétaire, rue Pelouze, 5, Paris.

Marc (P.), délégué de la Société d Horticulture de Douai, jardinier-chef de la Ville, Douai.

Marcel (Cyprien), architecte-paysagiste, trésorier-adjoint de la Société nationale d'Horticulture de France, rue Spontini, 30, Paris.

Martichon, horticulteur, route de Fréjus, Cannes (Alpes-Maritimes).

Martinet (Henri), délégué du Ministère de l'Agriculture, architecte-paysagiste, directeur du journal *Le Jardin*, boulevard Saint-Germain, 167, Paris.

Martin-Cahuzac, propriétaire, avenue Friedland, 32, Paris.

Maumené, publiciste horticole, rue de l'Abbé-Grégoire, 29, Paris.

Maupin, délégué de l'Amicale horticole de Saint-Maur, jardinier chez M. Pombla, Triel (Seine-et-Oise).

Mautbner (Alfred), marchand grainier, Rottenbiller utcza, 33, Buda-Pesth.

Micheli (Marc), propriétaire, château du Crest, Jussy-Genève (Suisse).

Middeleer (de), délégué et président de la Société royale linnéenne de Bruxelles, rue Marie-Thérèse, Bruxelles.

Millet, horticulteur, Grande-Rue, 2, Bourg-la-Reine (Seine).

Millet (Hippolyte), professeur d'arboriculture et pépiniériste, chaussée de Louvain, Tirlemont (Belgique).

Moser (J.-J.), horticulteur-pépiniériste, rue Saint-Symphorien, 1, Versailles.

Mussat (E.), professeur de botanique, Président de la classe 48, boulevard Saint-Germain, 11, Paris.

Myrtil-Varlet, à Bulles (Oise).

Nanot (Jules), délégué du ministère de l'Agriculture, directeur de l'École nationale d'Horticulture, Versailles.

Niederlein (Gustave), délégué du gouvernement des États-Unis, avenue Rapp, 20, Paris.

Niolet, président de la classe 44, rue d'Alleray, 50, Paris.

MM.

Nomblot (Alfred), pépiniériste, secrétaire général du Congrès international d'Arboriculture et de Pomologie, Bourg-la-Reine (Seine).

Nonin (A.), horticulteur, 20, avenue de Paris, Châtillon-sous-Bagneux (Seine).

Noriot (Ch.), délégué de la Société d'Horticulture de Provins, route de Brie, Provins (Seine-et-Marne).

Opoix (Octave), professeur d'arboriculture, jardinier-chef du jardin du Luxembourg, boulevard Saint-Michel, 64, Paris.

Paillet (Louis) fils, pépiniériste, Chatenay (Seine).

Péan (A.), délégué de l'Association de Saint-Fiacre, architecte-paysagiste, rue Rochechouart, 84, Paris.

Périer (Henry), agriculteur, Bosc-Oursel, Fleury-sur-Andelle (Eure).

Péronin (G.), horticulteur-grainier, Commentry-Montluçon (Allier).

Péronin, rue d'Egaucourt, 14, Paris.

Pingeon (Albert), horticulteur, rue Paul-Cabet, Dijon.

Pliqué, délégué de la Société d'Horticulture de Vitry, rue de la Glacière, Vitry-sur-Seine.

Poiret-Delan, quai National, 49, Puteaux (Seine).

Pommier, délégué de la Société d'Horticulture des Deux-Sèvres, route de Paris, Niort.

Potrat (C.), professeur à l'Ecole Lepelletier-de-Saint-Fargeau, Montesson (Seine-et-Oise).

Quénat (Pierre), architecte-paysagiste, rue de la Tour, 11, Paris.

Quetelard, délégué de la Société d'Horticulture de Provins, rue de Chansis, Provins (Seine-et-Marne).

Raquet, délégué de la Société d'Horticulture de Picardie, professeur d'horticulture à Amiens.

Ratheau (Marie), maraîcher, voie des Charbonniers, Montrouge (Seine).

Réfrognet (Maurice), horticulteur, rue Bordot, Dijon.

Rimaucourt (A.), professeur d'arboriculture, jardinier de la ville, rue des Boucheries, 15, Saint-Denis (Seine).

Rivoire (Ant.), marchand-grainier, président honoraire du Syndicat des horticulteurs lyonnais, rue d'Algérie, 16, Lyon.

Roche-Gloux, marchand-grainier, Ham (Somme).

Rodigas, directeur de l'Ecole d'Horticulture de l'Etat, Gand (Belgique).

Rodrigues, place de la Liberté, 8, Bayonne.

Rouget (Paul), délégué et vice-président de la Société d'Horticulture et d'Agriculture d'Hyères, château Saint-Michel, La Garde, près Toulon.

Rousseau, délégué de la Société d'Horticulture de Neuilly, boulevard Inkermann, 9, Neuilly-sur-Seine.

Sacy (de), vice-président de la Société d'Horticulture de Seine-et-Oise, rue d'Angevillers, 2 bis, Versailles (Seine-et-Oise).

Sahut (Félix), président de la Société d'Horticulture de l'Hérault, Montpellier.

MM.

Sallier (J.), président de la Société d'Horticulture de Neuilly, rue Delaizement, 9, Neuilly-sur-Seine.

Schulte, Etats-Unis d'Amérique.

Simon (Léon), président de la Société d'Horticulture de Nancy, rue de la Ravinelle, 29, Nancy.

Sirodot, doyen honoraire de la Faculté des sciences de Rennes, à Rennes.

Soland (E.), délégué et président de la Société d'Horticulture, Douai.

Tavernier, horticulteur, avenue d'Italie, 156, Paris.

Taylor (William A.), délégué du gouvernement des Etats-Unis, secrétaire de la Société américaine de Pomologie, avenue Rapp, 20, Paris.

Teisserenc de Bort (Edmond), sénateur, président de la Société d'Horticulture et d'Arboriculture de la Haute-Vienne, rue d'Astorg, 15, Paris.

Theulier (Henri) fils, horticulteur, rue Pétrarque, 22, Paris.

Thiébaut aîné (Pierre), ancien négociant, trésorier de l'Union commerciale des Horticulteurs et marchands-grainiers, avenue de la Grande-Armée, 10 *bis*, Paris.

Thiébaut-Legendre, marchand-grainier, avenue Victoria, 8, Paris.

Tillier, professeur à l'Ecole d'Horticulture de la ville de Paris, Saint-Mandé (Seine).

Truffaut (A.), premier vice-président de la Société nationale d'Horticulture de France, rue des Chantiers, 40, Versailles.

Truffaut (Georges), délégué de la Société d'Horticulture de Seine-et-Oise, chimiste, avenue de Picardie, 29, Versailles (Seine-et-Oise).

Tuleu (Adolphe), délégué et vice-président de l'Association de Saint-Fiacre. rue de la Gare, 4, Montmagny (Seine-et-Oise).

Umlauft, directeur des jardins impériaux de Schœnbrunn, près Vienne.

Valade-Rousseau (Paul), délégué de la Société d'Horticulture de Nogent-sur-Seine, horticulteur, Nogent-sur-Seine (Aube).

Van den Bossche (Léon), sénateur, ancien ministre, Tirlemont (Belgique).

Van den Heede (Ad.), horticulteur, vice-président de la Société régionale d'Horticulture du Nord de la France, faubourg de Roubaix, 111, Lille.

Varlan (Ed.), délégué et vice-président de la Société d'Horticulture du Havre, route Nationale, Graville-Sainte-Honorine, près le Havre.

Vassoul (Léopold), délégué de la Société d'Horticulture de Montreuil, rue de Romainville, 37, Montreuil-sous-Bois (Seine).

Vermorel (Victor), directeur de la Station viticole et de pathologie végétale, Villefranche (Rhône).

Vernieuwe, délégué et secrétaire de la Société Royale Linnéenne de Bruxelles, rue Michel-Ange, 71, Bruxelles.

Villard (Th.), délégué et président de la Société d'Horticulture et d'Agriculture d'Hyères, boulevard Malesherbes, 138, Paris.

MM.

Vilmorin (Maurice de), délégué de la Société des Agriculteurs de France, rapporteur de la classe 48, quai d'Orsay, 13, Paris.

Vilmorin (Philippe de), marchand grainier, rue de Bellechasse, 17, Paris.

Vitry (D.), vice-président de la Société nationale d'Horticulture de France, président de la Chambre syndicale des Horticulteurs de la Seine, rue Alexis-Lepère, Montreuil-sous-Bois (Seine).

Viger (Dr A.), député, ancien ministre de l'Agriculture, président de la Société nationale d'Horticulture de France, du groupe VIII, de la classe 43, rue des Saints-Pères, 55, Paris.

Wittmack (Dr), professeur, secrétaire général de la Société d'Horticulture de Prusse, 42, Invalidenstrasse, Berlin.

Wulveryck (Victor), président de la Société régionale d'Horticulture du Nord de la France, avenue de Dunkerque, 113, Lille.

TABLE

Paris. — L. Maretheux, imprimeur, 1, rue Cassette. — 19037.

www.ingramcontent.com/pod-product-compliance
Lightning Source LLC
Chambersburg PA
CBHW070904210326
41521CB00010B/2051